STOIRE NATURELLE

HISTOIRE NATURELLE DE LA FRANCE

11e PARTIE

HÉMIPTÈRES

MUSÉE SCOLAIRE DEYROLLE

HISTOIRE NATURELLE
DE LA
FRANCE

11e PARTIE

HÉMIPTÈRES

(PUNAISES, CIGALES, PUCERONS, COCHENILLES, ETC.)

AVEC 9 PLANCHES

PAR

L. FAIRMAIRE

EX-PRÉSIDENT DE LA SOCIÉTÉ ENTOMOLOGIQUE DE FRANCE

PARIS

ÉMILE DEYROLLE, NATURALISTE

23, RUE DE LA MONNAIE

GÉNÉRALITÉS

Les Hémiptères sont des insectes à quatre ailes, munis d'un rostre articulé qui leur a fait donner aussi le nom de Rhynchotes; la première appellation provient de la conformation des ailes supérieures qui sont généralement composées de deux parties, l'une plus ou moins coriace, basilaire; l'autre membraneuse, apicale.

La tête est assez variable de forme, mais ordinairement triangulaire; chez les Hétéroptères elle présente trois lobes séparés par de fines sutures longitudinales, et leur disposition est utile à étudier; le lobe médian s'appelle lobe frontal. Il y a toujours des yeux, et en outre sur le sommet de la tête on voit des petits grains ronds, lisses, appelés ocelles, au nombre de deux ou trois, qui disparaissent très rarement. Les antennes sont généralement grêles, parfois renflées ou épaissies vers l'extrémité ou terminées au contraire par une soie très fine; mais elles ne sont jamais dentées ni lamellées. Chez les Hydrocorises, elles sont presque entièrement cachées sous les yeux et difficiles à apercevoir. Chez les Homoptères la tête est très importante à étudier; le dessus ou vertex est tantôt plat avec le bord antérieur tranchant, tantôt arrondi, à peine distinct du front qui se trouve à la partie antérieure ou rentrante de la tête, ayant de chaque côté la joue quelquefois très large, et séparée par une suture ou une fine carène.

Le bec ou rostre, qui forme l'appareil buccal, est cylindrique, filiforme ou conique, tantôt court et arqué, plus souvent presque droit et couché le long de la poitrine. Il se compose d'une gaine ou gouttière articulée qui sert de fourreau aux organes actifs de la manducation et renferme les soies raides et acérées dont les deux inférieures sont ordinairement soudées; à la base de ces soies se trouve une autre pièce, c'est le labre prolongé en forme de languette qui s'étend jusqu'à l'extrémité du rostre et sert à retenir, dans la rainure de la lèvre inférieure, les quatre filets qui représentent les mandibules et les mâchoires.

Le thorax se compose, comme celui de tous les insectes, de trois parties; celle qui forme le prothorax est la plus développée, et généralement en trapèze ou en hexagone transversal. Les angles latéro-postérieurs sont souvent saillants, même épineux, et les côtés sont parfois dilatés, lamelleux. Dans quelques groupes d'Homoptères, le prothorax est réduit à un anneau antérieur et le mésothorax prend un grand développement comme on le voit chez les Fulgorides, les Cicadides, les Aphides. L'écusson est ordinairement assez petit; mais chez les Pentatomides il est toujours plus grand et recouvre quelquefois les ailes et l'abdomen. En dessous, le thorax présente le prosternum, parfois sillonné en avant, ayant quelquefois la pointe sternale prononcée entre les hanches, le mésosternum assez souvent caréné longitudinalement et le métasternum. C'est sur cette dernière partie, près de sa jonction au mésosternum et sur le côté, que se trouvent les ouvertures qui dégorgent le fluide si désagréable auquel on reconnaît la présence de plusieurs Hémiptères; ce sont les *ostioles odorifiques*. Il faut une certaine attention pour les trouver, mais on finit par les reconnaître facilement chez les Pentatomides et les Lygéides. Ce sont de petites ouvertures oblongues, parfois un peu en saillie, entourées parfois d'une surface presque mate ou d'une couche mince produite par le dessèchement de la sécrétion. Ces ostioles ne se retrouvent pas dans les dernières familles des Hétéroptères, ni chez les Homoptères.

Les ailes sont au nombre de quatre; dans un groupe les mâles n'en ont que deux et les femelles sont aptères. Les deux ailes supérieures sont d'une consistance plus solide que les inférieures; on leur donne le nom d'élytres ou hémélytres. Chez les Hétéroptères, la partie basilaire est ordinairement coriacée, opaque et prend le nom de *corie*, et elle est séparée d'une manière tranchée de la partie apicale ou *membrane*; c'est par une exception assez rare que la membrane devient aussi épaisse que la corie, ou que cette dernière est presque aussi claire que la membrane. La corie présente un pli longitudinal oblique allant de la base à l'angle interne de la membrane, et qui limite une partie touchant à la suture, à laquelle on donne le nom de *clavus*. Il y a en outre, dans la grande famille des Capsides, une petite pièce triangulaire nommée *cuneus*, placée à l'extrémité externe de la corie dont elle est séparée par un pli et souvent par une échancrure sur le bord externe. La corie est souvent courte, mais elle ne manque presque jamais, tandis que dans certains groupes il arrive que la membrane disparaît, soit complètement, soit en partie, et alors on dit que l'insecte est *brachyptère*. Cette modification peut ne se rencontrer que chez les femelles ou chez quelques individus d'une espèce qui présente alors les deux formes, *brachyptère* et *macroptère*. Dans certains genres la première forme est la plus générale, et les individus macroptères, à élytres complètes, sont extrêmement rares ; aussi est-il arrivé qu'on a fait deux espèces avec ces deux formes d'autant plus facilement que le facies est assez différent. Chez les Homoptères, les ailes supérieures sont plus grandes et un peu plus solides que les inférieures, mais on ne trouve plus la différence de la corie et de la membrane.

L'abdomen, qui tient au métathorax, est composé de six à huit segments ; la partie inférieure ou ventrale se réunit à la supérieure en formant un bord plus ou moins tranchant, appelé *connexivum*, qui déborde souvent les élytres, et sur lequel on voit plusieurs stigmates. Les pattes sont généralement assez grêles, mais elles présentent d'assez grandes variations. Dans quelques groupes, les pattes antérieures sont disposées pour arrêter une proie, les cuisses sont courtes et épaisses, armées d'épines, avec les jambes arquées : on les appelle pattes ravisseuses ; chez les Hémiptères aquatiques, les postérieures sont appropriées à la natation, comprimées et munies de soies serrées. Enfin chez quelques genres d'Hétéroptères et chez presque tous les Homoptères, les pattes sont propres au saut, bien que les cuisses ne soient pas toujours renflées. Les articles des tarses sont au nombre de deux ou trois ; très rarement il n'en existe qu'un seul.

Tous ces insectes, connus sous les noms de punaises des

maisons et des bois, de cigales, de cochenilles, de pucerons, de phylloxères, ont des métamorphoses incomplètes, en ce sens que les larves ressemblent assez bien à l'insecte parfait, qu'elles restent toujours actives sans passer par l'état de chrysalide, et que leurs organes se modifient et se développent peu à peu.

On peut dire que les Hémiptères sont presque tous des insectes nuisibles, puisqu'ils renferment les punaises des maisons et des colombiers, celles des bois, les pucerons, les phylloxères et tant d'autres dont la piqûre est fort douloureuse. Quelques-uns, il est vrai, font la chasse à d'autres insectes; d'autres nous donnent la cochenille, la laque; mais il ne semble pas que la somme des avantages l'emporte sur celle des inconvénients. Au point de vue de l'histoire naturelle, ce sont des insectes de formes très variées et dont l'étude est très intéressante.

HÉMIPTÈRES

Les Hémiptères se partagent en trois grandes divisions :

I. Hétéroptères. — Rostre naissant de la tête ou du front. Élytres le plus souvent formées de deux parties, l'une coriace, basilaire ; l'autre membraneuse, apicale.

II. Homoptères. — Rostre naissant de la partie inférieure de la tête, au-dessous des yeux. Élytres homogènes, le plus souvent transparentes.

III. Sternorhynques. — Rostre paraissant naître entre les pattes antérieures et les intermédiaires, manquant parfois dans un des sexes, les mâles n'ayant alors, le plus souvent, que deux ailes.

1re DIVISION. — HÉTÉROPTÈRES

Les Hémiptères qui rentrent dans cette division ont généralement les élytres formées de deux parties, l'une basilaire plus ou moins coriacée, l'autre apicale, membraneuse. Cependant il arrive quelquefois que la consistance de la partie basilaire n'est pas plus forte que la membrane apicale, comme on le voit chez quelques Capsides; mais le rostre prend toujours naissance entre les yeux ou au front. Ces insectes vivent en général sur les végétaux où beaucoup font la chasse à d'autres insectes; d'autres vivent dans les eaux ou à leur surface et sont très carnassiers; d'autres enfin vivent dans nos maisons et aux dépens de notre sang; un petit nombre se trouve sous les écorces d'arbres. Quelques-uns font des piqûres douloureuses.

Les Hétéroptères se partagent en deux sections :

Géocorises. — Insectes terrestres, très rarement aquatiques. Antennes plus longues que la tête, non cachées sous les yeux.

Hydrocorises. — Insectes aquatiques (un seul ripicole). Antennes plus courtes que la tête, cachées sous les yeux.

1re Section. — **Géocorises.**

I. Antennes de 5 articles, insérées sous le rebord de la tête, leur base non visible en dessus. Ecusson grand, recouvrant parfois le corps . . . . Pentatomides.

II. Antennes de 4 articles, insérées à découvert sur les côtés de la tête, leur base visible en dessus. Ecusson médiocre ou petit.

A. Corps non recouvert en dessous d'une pubescence soyeuse imperméable. Crochets situés à l'extrémité du tarse. Insectes terrestres.

a. Rostre de 4 articles, appliqué au repos contre la poitrine. Antennes plus ou moins épaisses, à dernier article souvent plus gros, jamais sétacé. Tarses de 3 articles. Des ocelles presque toujours.

* Membrane des élytres à nombreuses nervures. Coréides.

** Membrane des élytres à 5 nervures seulement ou à 8 nervures, mais alors pas d'ocelles. Lygéides.

b. Rostre de 3 articles, arqué à la base, ne pouvant s'appliquer contre la poitrine, le 1er article engagé à la base dans une rainure.

* Tarses de 2 articles, au moins les postérieurs.

α. Antennes non filiformes, le dernier article pas plus mince.

— Des ocelles. Pattes antérieures ravisseuses. Phymatides.

= Pas d'ocelles. Pattes antérieures ordinaires.

† Corps un peu épais, membraneux sur les bords qui sont réticulés. Membrane à peine distincte. Tingides.

†† Corps très aplati. Membrane très distincte. Aradides.

β. Antennes filiformes, le 2e article parfois épaissi, les deux derniers articles plus fins.

— Corps très aplati. Elytres rudimentaires, pas de membrane. . . . . Cimicides.

= Corps plus ou moins convexe. Elytres le plus souvent complètes, ayant à l'extrémité de la corie une pièce triangulaire distincte. Capsides.

** Tarses de 3 articles. Rostre antérieurement libre.

α. Rostre court. Dernier article des antennes sétacé . . . . Réduvides.

β. Rostre long. Dernier article des antennes non sétacé. . . . . Saldides.

B. Corps ayant en dessous une pubescence soyeuse imperméable. Crochets insérés avant l'extrémité du tarse. Insectes vivant à la surface des eaux.
a. Tête allongée. Corps linéaire. . . . . . . HYDROMÉTRIDES.
b. Tête triangulaire. Corps fusiforme. . . . GERRIDES.

FAMILLE DES PENTATOMIDES

Cette famille est caractérisée par les antennes de cinq articles et par l'écusson grand, dépassant le milieu de l'abdomen, recouvrant parfois entièrement l'abdomen et les ailes. En outre, les antennes sont insérées sous les bords latéraux de la tête qui sont tranchants.

On peut les diviser en trois tribus :

I. Ecusson recouvrant tout ou presque tout l'abdomen.
A. Corps aplati en dessous . . . . COPTOSOMIENS.
B. Corps convexe en dessous. . . . . SCUTELLÉRIENS.
II. Ecusson triangulaire, laissant à découvert la majeure partie des ailes et de l'abdomen.
A. Pattes très épineuses, les antérieures fouisseuses, les jambes étant dilatées à l'extrémité, comprimées ou prismatiques . . . CYDNIENS.
B. Pattes très rarement un peu épineuses, non fouisseuses, jambes presque carrées, souvent sillonnées. . . . . PENTATOMIENS.

1re Tribu. — Coptosomiens.

Un seul genre, **Coptosoma**, compose cette tribu en France et en Europe ; il est remarquable par la petitesse de la tête qui est arrondie en avant et par le développement de l'écusson qui recouvre toutes les ailes et l'abdomen en s'élargissant un peu en arrière; son extrémité est presque tronquée, faiblement sinuée; le 2e article des antennes est très petit, le rostre n'atteint pas l'abdomen; les tarses n'ont que deux articles. *C. globus*, 3 à 4 mill., d'un bronzé noir, brillant; base des antennes, genoux, les points sur les côtés de l'abdomen et rarement une bande marginale, pâles; toute la France, peu commun.

2e tribu. — Scutellériens.

Les insectes qui composent cette tribu sont extrêmement nombreux dans les contrées intertropicales, et les Scutellères de ces régions présentent des colorations aussi variées que brillantes. Nous sommes réduits, en France, à quelques représentants assez curieux, mais bien pâles, de ces Hémiptères à corselet recouvrant la majeure partie de l'abdomen, ne laissant à découvert que le bord basilaire ou externe des élytres. Leur abdomen est toujours convexe en dessous, leur tête est en ovale triangulaire, parfois en carré long. Tous vivent sur les plantes; mais il y a tout lieu de croire que si quelques-uns se nourrissent aux dépens de la plante qu'ils affectionnent, d'autres, à l'exemple de plusieurs insectes de la tribu suivante, font la chasse aux articulés dont le corps mou et spongieux comme quelques chenilles, leur offre un aliment plus approprié.

I. Ecusson aussi large et aussi long que l'abdomen.

A. Corps velu. . . . . ODONTOSCELIS.

B.	Corps glabre.	
a.	Bord antérieur de la tête non échancré, le lobe médian aussi long que les latéraux. .	Odontotarsus.
b.	Bord antérieur de la tête échancré, le lobe médian plus court que les latéraux. . . .	
*	Pattes finement épineuses en dehors. . .	Psacasta.
**	Pattes non épineuses.	
†	Tête longue, écusson à plusieurs carènes. .	Ancyrosoma.
††	Tête courte, écusson uni.	Trigonosoma.
II.	Ecusson moins large, mais aussi long que l'abdomen dont les bords sont tranchants.	
A.	Plaque sternale s'avançant sur la base des antennes. Coloration passant du fauve au noir.	Eurygaster.
B.	Pas de plaque sternale s'avançant sur la base des antennes. Corps rouge à bandes et points noirs.	Graphosoma.
III.	Ecusson moins large et plus court que l'abdomen.	
A.	Yeux ordinaires ; corps d'un noir métallique	Corimelæna.
B.	Yeux presque pédonculés ; corps d'un fauve pâle.	Podops.

Le G. **Odontoscelis** ne renferme qu'une espèce très variable de taille et de coloration, à corps large, convexe velu, presque également arrondi en avant et en arrière ; à tête triangulaire, épaisse ; à corselet, ayant au milieu un assez fort sillon parallèle aux bords latéraux ; l'écusson recouvre toutes les ailes, ne laissant voir qu'une faible portion de la base des élytres, l'abdomen est assez convexe, les pattes sont courtes, robustes, épineuses. *O. fuliginosa*, 4 à 8 mill., tantôt d'un brun noir avec 3 ou 4 raies jaunes, tantôt fauve, marbré du noir, avec 3 raies jaunâtres, tantôt d'un fauve pâle avec quelques traits noirâtres ; commun dans les terrains sablonneux, à terre, varie extrêmement de taille et de coloration.

Odontotarsus. — Corps très épais, convexe en dessus et en dessous, lisse ; tête cylindro-conique, corselet obtusément anguleux aux angles postérieurs, prosternum formant une lamelle sur la base des antennes, écusson atténué en arrière, tarses épineux en dessous. Insectes méridionaux. *O. grammicus*, 8 à 10 mill., d'un jaune paille assez brillant avec des bandes brunes ou roussâtres, très variables d'intensité, parfois presque effacées; remonte vers le centre de la France. — *O. caudatus*, même taille et même coloration, remarquable par l'écusson plus atténué en arrière et se prolongeant en pointe mousse; ne s'éloigne pas des bords de la Méditerranée.

Psacasta. — Corps épais, très convexe en dessus; tête courte, obtuse; corselet très obtusément angulé latéralement, base des antennes un peu cachée par le rebord du prosternum, leur 3e article un peu plus court que le 2e; écusson recouvrant tout l'abdomen, pattes munies d'épines courtes, peu serrées. *P. exanthematica*, 8 à 9 mill., ovalaire court, d'un brun noirâtre, parfois plus pâle, parsemé de points élevés, lisses, plus clairs, surface un peu inégale; écusson faiblement caréné jusqu'au milieu où la carène devient un peu plus saillante en se terminant; France méridionale.

Ancyrosoma. — Corps assez court, très convexe; tête plus longue que large, en triangle allongé, le lobe médian longuement dépassé par les latéraux; yeux saillants, antennes insérées loin des yeux, 2e article deux fois aussi long que le 3e; corselet angulé latéralement, parfois presque épineux; écusson recouvrant tout l'abdomen et le dépassant un peu en arrière. *A. albolineata*, 6 mill., d'un fauve pâle, mais plus foncé entre les carènes; corselet ayant cinq côtes, la médiane droite, les autres obliques, et les angles latéraux pointus; écusson ayant cinq carènes longitudinales faisant suite à celles du corselet, les bords aussi carénés, les intervalles ponctués densément le long des carènes; France méridionale, peu commun.

Trigonosoma. — Corps court, très épais, très convexe en dessus et en dessous; tête assez petite, fortement inclinée, allongée, échancrée assez fortement; antennes insérées sous un rebord du prosternum, cylindriques, 2e article plus long que le 3e; rostre assez gros, corselet bombé, fortement déclive en avant; angles postérieurs assez saillants, mais obtus; écusson ne laissant qu'une étroite bordure tout autour. *T. nigella*, 10 à 12 mill., d'un brun rougeâtre, dessous roussâtre, brun au milieu, assez noir; tête et devant du corselet roussâtres; France méridionale.

Le G. **Eurygaster** présente un corps assez coriace, médiocrement convexe; la tête est inclinée, un peu échancrée ou presque trilobée; les antennes, assez longues, sont insérées sous un rebord, les deux premiers articles presque égaux; le corselet a les bords un peu tranchants, les angles postérieurs arrondis; l'écusson, arrondi largement à l'extrémité, laisse à découvert les bords des hémélytres et est un peu caréné à la base; ..omen a les côtés tranchants, élargis; les pattes sont assez courtes et munies de quelques épines. Ce sont des insectes de couleurs terreuses ou brunâtres, assez variables; on les trouve communément dans les champs de céréales. *E. hottentotus,* 12 à 15 mill., variant du fauve au noirâtre; tête déprimée en dessus, paraissant échancrée en avant par la saillie des lobes latéraux au delà du lobe médian; écusson fortement caréné à la base; très commun. — *E. maurus*, 9 à 10 mill., plus roussâtre, passant au brunâtre, parfois mélangé des deux couleurs par bandes plus ou moins régulières; abdomen à taches brunes; lobe médian de la tête entier; écusson indistinctement caréné; très commun sur les blés, dont il pique les grains encore tendres. — On trouve dans le midi de la France l'*E. maroccanus*, plus grand que les précédents, roussâtre, à tête obtuse, à bords abdominaux plus largement aplatis, arrondis, largement tronqués à l'extrémité; un sillon transversal sur le corselet; 5e article des antennes, noir.

Les **Graphosoma** se distinguent des *Eurygaster* par leur vive couleur rouge avec des bandes noires et par l'écusson se rétrécissant sensiblement vers l'extrémité qui est moins largement arrondie; les antennes ne sont pas insérées sous un rebord du prosternum, les angles postérieurs du corselet sont plus angulés, les pattes sont plus longues. On les trouve dans les endroits secs, sur les ombellifères. *G. lineatum*, 10 mill., d'un beau rouge avec des bandes noires, deux sur la tête, six sur le corselet, quatre sur l'écusson, une tache noire sur le dessus des segments abdominaux; dessous ponctué de noir; très commun dans le midi et le centre, assez rare à Paris.—*G. semipunctatum*, 11 à 13 mill., plus large et plus arrondi que le précédent, d'un rouge moins vif; une dizaine de taches noires sur le corselet, celles du milieu variables; quatre bandes courtes à la base du corselet et deux bandes médianes entières, noires; France méridionale.

Le G. **Corimelæna** se compose d'un petit insecte, *C. scarabæoides*, 3 à 4 mill., brièvement ovalaire, également arrondi en avant et en arrière, assez fortement convexe; l'écusson laisse à découvert une partie des ailes et de l'abdomen tant sur les côtés qu'à l'extrémité; la tête est large, courte, presque tronquée; le 2e article des antennes est très court, les pattes ont quelques épines courtes et rares, le corps est très finement ponctué, d'un noir assez brillant, très faiblement bronzé; les antennes d'un fauve pâle ; toute la France.

Le G. **Podops** se reconnaît aux yeux fortement saillants, comme pédonculés, et à la dent en crochet qui forme les angles antérieurs du corselet; la tête est assez grande, presque carrée, échancrée en avant; les antennes sont courtes et l'on voit une petite épine derrière leur base. *P. inunctus*, 5 mill., d'un fauve pâle grisâtre, tête convexe longitudinalement, un peu brune ainsi que le devant du corselet, finement et très densément ponctuée; le reste du corps à ponctuation forte, assez serrée; corselet ayant une impression transversale au bord antérieur avec une courte carène longitudinale au milieu, angles latéraux presque tronqués, base de l'écusson convexe en travers, avec trois gros points lisses; toute la France, peu commun.

2e tribu. — Cydniens.

Ces insectes se distinguent des précédents par la forme de l'écusson qui, bien que développé et dépassant le milieu de l'abdomen, ne recouvre plus la majeure partie des ailes. Ils sont caractérisés par une tête plane, même un peu relevée sur les bords, qui souvent sont ciliés ou épineux, et par les pattes munies d'épines ordinairement très nombreuses. Ces caractères les séparent des Pentatomiens dont la tête est généralement convexe et dont les pattes sont inermes ou munies de quelques rares soies ou spinules. Les Cydniens vivent à terre sous les pierres, les mottes de terre ; beaucoup sont fouisseurs et ont les jambes dilatées et palmées à cet usage. Presque tous sont d'un noir uniforme ; quelques-uns ont une teinte d'un bleu foncé brillant, relevé par des lignes ou des taches blanches.

A. Jambes antérieures assez élargies vers l'extrémité, denticulées et fortement épineuses. Corps noir.
a. Ecusson plus long que large à la base. . CYDNUS.
b. Ecusson aussi large que long. . . . . . . BRACHYPELTA.
B. Jambes antérieures à peine élargies vers l'extrémité, sans dentelures, à épines moins serrées. Corps noir ou bleu, parfois taché de blanc. . . . . SEHIRUS.

Les **Cydnus**, outre les dimensions de l'écusson, se distinguent par le corps elliptico-ovalaire, médiocrement convexe, la tête ayant des points piligères, caractère peu facile à saisir ; les pattes sont hérissées d'épines grandes, nombreuses, et le mésosternum est caréné. *C. nigritus*, 4 1/2 mill., en ovale très court, peu convexe en dessus, mais bien plus en dessous, d'un brun noirâtre ; les élytres parfois plus claires, pattes et antennes roussâtres ainsi qu'une étroite bordure à la tête et au corselet ; tête ayant quelques cicatrices, corselet ponctué dans sa moitié postérieure avec une faible impression transversale, écusson fortement ponctué, ayant une petite impression à l'extrémité ; élytres plus finement ponctuées, membrane blanche ; toute la France. — *C. brunneus*, 7 à 9 mill., ovalaire-elliptique, très peu convexe en dessus, un peu plus en dessous, d'un brun très foncé, parfois plus pâle sur les élytres; membrane tantôt pâle, tantôt un peu enfumée; quelques cils assez longs autour du corps, corselet presque imponctué, sans impression transversale; écusson et élytres à ponctuation fine, très peu serrée; France méridionale.

Le G. **Brachypelta** a le corps en ovale quadrangulaire, peu convexe en dessus; la tête est petite, faiblement échancrée en avant; les yeux sont assez petits, le 2e article des antennes est un peu plus long que le 3e, le rostre n'atteint que les hanches antérieures, le corselet transversal a les angles grands, presque arrondis, et présente deux impressions transversales, la postérieure très marquée; l'écusson est large, triangulaire, et atteint à peine le milieu de l'abdomen, son extrémité forme une pointe mousse; l'extrémité de la corie est fortement sinuée, l'abdomen est assez convexe en dessous, les pattes sont fouisseuses, les cuisses élargies, assez épaisses, les jambes antérieures très aplaties, fortement dentées en dehors. *B. tristis*, 8 à 10 mill., noire, assez brillante, ponctuée, dessous d'un brun ferrugineux; membrane blanchâtre; commune partout.

Dans le G. **Sehirus** les pattes ne sont pas fouisseuses, les jambes antérieures ne sont ni palmées, ni dentées; toutes les jambes sont assez fortes, prismatiques, garnies de fines épines; les trois derniers articles des antennes sont un peu épaissis, le 2e article est égal au 3e ou plus petit; le corselet est transversal, arrondi sur les côtés; l'écusson est triangulaire et dépasse la moitié de l'abdomen, la membrane est ordinairement hyaline, le corps est assez large et assez déprimé. On trouve souvent ces insectes réunis en groupes immobiles au pied de plusieurs espèces de chardons et ces groupes renferment à la fois des larves et des insectes parfaits. *S. morio*, 10 mill., d'un noir luisant fortement ponctué, la tête un peu échancrée en avant; corselet ayant un sillon transversal bien marqué, membrane blanchâtre, extrémité des jambes antérieures un peu élargie et tronquée, tarses roussâtres; plus commun dans le Midi. — *S. albomarginatus*, 6 à 7 mill., d'un noir bleu, luisant, finement ponctué avec une étroite bordure blanche sur les côtés du corselet et des élytres; France méridionale. — *S. dubius*, 4 à 5 mill., à peine bleuâtre, mais pas de bordure blanche sur les côtés du corselet et membrane plus roussâtre; toute la France.

Dans les espèces suivantes le 2e article des antennes est beaucoup plus petit que le 3e : *S. bicolor*, 7 mill., ovalaire, court, d'un noir luisant, finement ponctué, une tache blanche assez grande et dentée en dedans au bord antéro-latéral du corselet; une autre, grande, arquée et dentée, à la base de chaque élytre et une petite à l'angle externe de la corie, blanches ; côtés de l'abdomen tachetés de blanc; commun partout.—*S. biguttatus*, 5 mill., d'un noir luisant avec une étroite bordure blanche sur les côtés du corselet et des élytres, celles-ci ayant un point blanc sur le disque ; répandu partout, mais assez rare.

3e Tribu. — Pentatomiens.

Cette tribu diffère des deux premières par le moindre développement de l'écusson qui est encore grand, mais ne recouvre plus la majeure partie des élytres. Ces insectes se rencontrent sur des végétaux très variés, et ne sont pas épigés comme la plupart des précédents; mais si quelques-uns piquent le tissu d'un certain nombre de plantes, la plupart sont carnassiers.

1re Section. — *Rostre grêle, couché à la base dans une rainure de la tête.*

I.	Tarses de 3 articles.	
A.	Mésosternum largement sillonné.	
a.	Tête aplatie.	
*	Côtés du corselet non dilatés.	SCIOCORIS.
**	Côtés du corselet dilatés en tranche arrondie.	DORYDERES.
b.	Tête plus ou moins convexe	ÆLIA.
B.	Mésosternum non sillonné.	
a.	Abdomen sans pointe ni tubercule à la base.	
*	Lobe frontal entier.	
†	Tête carrée.	EUSARCORIS.
††	Tête triangulaire ou trapézoïdale.	
α.	4e article des antennes presque plus long que le 5e.	CARPOCORIS.
β.	4e article des antennes plus court que le 5e.	
—	Angles latéraux du corselet saillants.. . .	TROPICORIS.
=	Angles latéraux du corselet très obtus. . .	PENTATOMA.
**	Lobe frontal enveloppé par les latéraux. .	
†	2e et 3e articles des antennes égaux. Corps unicolore..	PALOMENA.
††	2e article un peu plus long que le 3e. Corps unicolore.	BRACHYNEMA.
†††	2e article bien plus long que le 3e. Corps bariolé.	STRACHIA.
b.	Abdomen un peu caréné, tuberculé à la base.	NEZARA.
c.	Abdomen ayant une longue pointe basilaire.	RHAPHIGASTER.
II.	Tarses de 2 articles.	
A.	Angles latéraux du corselet obtus.. . . .	ACANTHOSOMA.
B.	Angles latéraux du corselet en épine aiguë.	SASTRAGALA.

Les **Sciocoris** ont la tête grande, arrondie, nullement ou faiblement échancrée au bord antérieur; les yeux petits, saillants; les ocelles à peine visibles, les antennes à deuxième article plus long que le troisième ; le corselet est largement échancré en croissant pour recevoir la tête, ses bords sont aplatis ; l'écusson est grand et atteint environ les trois quarts de l'abdomen, les élytres sont elliptiques, l'abdomen est large et tranchant sur les bords, les pattes sont assez fortes et courtes. On trouve ces insectes à terre ou sur les plantes basses ; leur coloration est d'un fauve grisâtre, les espèces sont difficiles à distinguer. *S. umbrinus* 5 mill., en ovale court, à peine convexe, d'un terreux fauve avec des taches brunes sur es bords de l'abdomen, finement et densément ponctué, une impression transversale sur le corselet ; toute la France.

Le G. **Dorydere**s ne diffère du précédent que par le corps plus court, plus large et par le corselet à côtés élargis en une membrane mince et arrondie. *D. marginatus* 7 à 8 mill., d'un brun roussâtre ponctué de noir ; une tache presque carrée, arrondie en arrière, pâle ou fauve, de chaque côté du bord antérieur du corselet ; une raie courte à la base de la corie et extrémité de l'écusson d'un roussâtre pâle ; bords de l'abdomen tachetés de pâle, dessous de l'abdomen pâle, ayant à la base, au milieu, une grande tache d'un noir bronzé et une autre à l'extrémité ; France méridionale. sur le gratteron (*Galium aparine*) dont cet insecte pique et suce les fruits ; il exhale une mauvaise odeur.

Les **Ælia** sont faciles à reconnaître à leur tête en museau, qui s'atténue et s'incline en avant ; le lobe médian n'atteint pas tout à fait l'extrémité qui est un peu échancrée et est dépassé par les lobes latéraux ; les yeux sont petits, globuleux, saillants ; le corselet est trapézoïdal, convexe ; les angles postérieurs sont un peu saillants, émoussés ; le bord postérieur est presque droit, l'écusson est grand, dépasse le milieu de l'abdomen et recouvre le bord interne de la corie ; la membrane est grande, transparente, avec de faibles nervures longitudinales ; le dessous du corps est un peu plus convexe que le dessus ; les pattes sont assez fortes. Chez les unes la tête est allongée et presque pointue. *Æ. acuminata*, **8** à **10** mill., d'un fauve médiocrement brillant, densément ponctuée ; tête ayant deux lignes brunes, corselet ayant trois lignes un peu plus élevées, lisses, d'un fauve clair brillant (ainsi qu'un liseré sur les bords) bordé de brun ; écusson ayant aussi une ligne élevée plus claire, bordée de brun, noirâtre à la base ; nervure interne de la corie d'un fauve pâle, densément ponctuée en dessous ; commune partout, sur les céréales.—Chez les autres, la tête est en museau court, le corps est plus ramassé, plus convexe. *Æ. inflexa*, **5** à **6** mill., d'un fauve grisâtre médiocrement brillant avec des linéoles plus pâles sur les côtés de la tête, une au milieu du corselet, une de chaque côté de l'écusson à la base, une autre à l'extrémité, un peu plus pâle ; couvert d'une forte ponctuation serrée ; peu commune.

Les **Eusarcoris** ont le corps plus convexe, plus épais, plus ramassé ; la tête n'est pas atténuée en avant et ne forme pas le museau, elle est en carré oblong avec les lobes latéraux plus ou moins arrondis en avant ; le mésosternum est caréné au lieu de présenter un large sillon, et l'abdomen, qui est très convexe, ne présente pas de sillon à la base ; enfin le rostre qui, chez les *Ælia*, n'arrive qu'à l'extrémité du métasternum, est prolongé ici jusqu'au deuxième segment abdominal. *E. melanocephalus*, **6** à **7** mill., en ovale court, d'un fauve grisâtre très pâle brillant, avec une teinte d'un bronzé un peu cuivreux qui couvre la tête, les angles antérieurs du corselet, la base de l'écusson et tout ou partie de l'abdomen ; surface fortement ponctuée de noir ; Alpes, Pyrénées, France méridionale, beaucoup plus rare autour de Paris. — *E. perlatus*, 5 1/2 à 7 mill., tête bronzée, avec une légère teinte semblable sur les angles antérieurs du corselet, écusson ayant à la base deux points élevés, lisses, d'un jaunâtre clair ; abdomen ayant au milieu une tache d'un noir bronzé, dentée latéralement et, de chaque côté à la base, une tache de même couleur à peu près triangulaire ; bords ponctués de noir, angles postérieurs du corselet assez saillants ; toute la France, peu commun.

Le G. **Carpocoris** est caractérisé par le corselet à angles latéraux plus ou moins marqués, sans former d'épine ; la tête est triangulaire ou presque trapézoïdale, le deuxième et le troisième article des antennes varient un peu de longueur proportionnellement, les yeux sont globuleux, assez saillants ; le 2e article du rostre est le plus long, l'abdomen déborde à peine les côtés des élytres et est ordinairement terminé par deux ou quatre épines, les pattes sont assez longues et nues. *C. nigricornis*, 10 à 12 mill., d'un roussâtre plus ou moins grisâtre en dessus, avec les antennes, sauf le premier article, une bordure étroite de chaque côté de la tête, une tache sur les angles latéraux du corselet et la base interne de la membrane, noires ; deux ou quatre traits noirâtres plus ou moins distincts au bord antérieur du corselet et à la base de l'écusson, dessous d'un jaunâtre très pâle, pattes rougeâtres, membrane plus longue que l'abdomen dont les bords sont tachetés de noir ; les angles du corselet varient beaucoup de forme, ainsi que la coloration ; commune partout sur diverses plantes, les ombellifères, les verbascum, les jeunes pousses de chêne, etc. — *C. baccarum*, 10 mill., d'un fauve rougeâtre en dessus, extrémité de l'écusson d'un fauve pâle, bords de l'abdomen tachetés de noir, dessous jaunâtre ponctué de noir, antennes jaunes, deuxième et troisième articles à peu près égaux, quelquefois noirs ou bruns vers l'extrémité ainsi que le quatrième, le dernier plus ou moins noir; lobes latéraux de la tête se rejoignant, angles postérieurs du corselet obtusément arrondis, surface densément ponctuée; très commune partout. — *C. lynx*, 6 mill., beaucoup plus petite et plus courte que les précédentes, d'un fauve pâle, avec une teinte lie de vin sur la partie postérieure du corselet et les élytres, deux raies brunes sur la tête; écusson parfois d'un vert clair, côtés de l'abdomen tachés de noir, surface très densément et finement ponctuée; France méridionale.

Le G. **Tropicoris** est facile à reconnaître à la forme du corselet qui est transversal, avec les angles latéraux prolongés en lame courte, aplatie, tronquée obliquement, et l'angle postérieur épineux; mais sa place est difficile à définir; sa forme générale le rapproche des *Asopus* dont sa tête l'éloigne; elle est presque triangulaire, avec les angles antérieurs très arrondis, et son rostre, qui atteint le 2e segment abdominal, est engaîné à la base et grêle au lieu d'être épais; les antennes sont assez longues et grêles, le 1er article est notablement plus court que la tête, le 3e est un peu plus long que le 2e; les pattes sont grandes, les postérieures plus que les autres. *T. rufipes*, 15 mill., d'un brun faiblement bronzé en dessus, et densément ponctuée, les points d'un brun bronzé, dessous rougeâtre avec les stigmates noirs ; antennes rougeâtres, le dernier article et la plus grande partie de l'avant-dernier noirâtres, tête ayant à la base deux linéoles lisses, pâles ; extrémité de l'écusson rougeâtre ; bords de l'abdomen tacheté de noir en dessus ; extrêmement commune partout, et exhalant une odeur des plus désagréables.

Le G. **Pentatoma** renferme des insectes à corps plus large, à tête assez unie, à antennes fortes, le 4e article aussi long que le 2e, le 5e un peu plus long ; l'écusson est grand, arrondi et déprimé à l'extrémité, et les angles latéraux du corselet sont très obtus ; le rostre atteint le 2e segment de l'abdomen, tandis que chez les *Palomena* il ne dépasse pas la base. *P. juniperina*, 11 à 12 mill., en ovale court, large, assez convexe, d'un vert un peu foncé avec les côtés du corselet, une étroite bordure de la corie et une tache lisse à l'extrémité de l'écusson, d'un jaune pâle ; dessus densément et un peu rugueusement ponctué, dessous de même couleur, antennes presque noires ; presque toute la France, sur les genévriers. — *P. pinicola*, même taille et même coloration, se distingue par le rostre atteignant le 3e segment de l'abdomen au lieu de s'arrêter au milieu du 2e, et par les antennes dont les deux premiers articles sont entièrement verts et les trois derniers verts à la base ; France méridionale, sur les pins.

Le G. **Palomena** renferme les punaises des bois à coloration verte ou brunâtre ; leur tête est légèrement atténuée en avant, un peu arrondie et presque aplatie ; les lobes latéraux dépassent un peu le lobe médian et ne se relèvent pas en gouttière ; les yeux, hémisphériques, touchent le bord du corselet ; les ocelles sont placés un peu en arrière, mais très près des yeux; les antennes, de 5 articles, ont le 1er court; le rostre atteint la base de l'abdomen; le corselet, presque en hexagone transversal, a les angles latéraux peu ou point saillants; l'écusson dépasse un peu le milieu de l'abdomen; il est arrondi à l'extrémité et ses bords sont légèrement sinués; les élytres sont grandes, la membrane dépasse un peu l'extrémité du corps, l'abdomen est assez large, à rebords tranchants, débordant les élytres, peu convexe en dessous et sans sillon; les pattes sont courtes, assez grêles et inermes. Tous ces insectes exhalent une odeur fétide et caractéristique; on les trouve malheureusement trop souvent dans les jardins et sur les fruits. *P. viridissima*, **12** à **14** mill., médiocrement convexe, d'un vert pré, finement et assez densément ponctuée de brun, dessous d'un fauve verdâtre, parfois roussâtre; antennes fauves, les deux derniers articles enfumés, sauf parfois la base; 3e article plus court que le 2e, bords latéraux du corselet très légèrement arqués en dehors, étroitement bordés de roux; membrane enfumée, brillante; dans cette espèce, le lobe frontal atteint le bord antérieur, mais en se rétrécissant beaucoup; plus commune dans le Nord que la suivante. — *P. prasina*, la *punaise verte* de Geoffroy, **12** à **14** mill., même coloration, parfois légèrement roussâtre, diffère par les côtés du corselet faiblement sinués, à bordure jaune beaucoup plus fine, souvent indistincte, par l'écusson un peu plus large vers l'extrémité; le segment anal est toujours rougeâtre, ainsi que parfois tout le ventre, les 2e et 3e articles des antennes sont inégaux; commune partout, moins dans le Nord. — *P. vernalis*, **8** à **10** mill., densément ponctuée, d'un brun rougeâtre légèrement bronzé avec une très étroite bordure aux côtés du corselet, une grande tache lisse sur l'extrémité de l'écusson d'un jaune très pâle, côtés de l'abdomen marqués en dessus de noir et de jaune pâle ; dessous d'un roussâtre clair ponctué de noir, antennes annelées de roux et de noir ; France méridionale, assez commune. — *P. distincta*, même forme que la précédente, mais un peu plus grande, distincte par les angles latéraux du corselet plus saillants, la bordure, pâle des côtés et de l'extrémité de l'écusson, plus effacée ; cette même extrémité moins lisse, les antennes rougeâtres avec le dernier article seul noir ; presque toute la France.

Le G. **Brachynema** renferme quelques insectes méridionaux à corps plus oblong, différant des *Palomena* par le rostre atteignant seulement l'extrémité du mésosternum au lieu du métasternum, par le métasternum uni au lieu d'être légèrement sillonné, et par les 2e, 4e et 5e articles des antennes égaux. *B. cinctum*, 9 mill., d'un vert clair, mat, avec un étroit liseré rougeâtre ou jaunâtre sur les bords du corselet, des élytres et de l'abdomen ; extrémité de l'écusson d'un jaune pâle, antennes brunâtres ou verdâtres, tête un peu concave, corps très densément ponctué, angles latéraux du corselet obtus ; France méridionale.

Le G. **Strachia** se distingue, au premier abord, par ses couleurs tranchées et bariolées ; les lobes latéraux de la tête dépassent le lobe médian et se rejoignent plus ou moins, le bord antérieur est un peu échancré, les côtés sont un peu relevés ; les yeux sont assez gros, globuleux ; le rostre atteint les hanches intermédiaires ou postérieures ;

le deuxième article est le plus long; le corselet est très court, trapézoïdal, échancré en avant, un peu arqué au bord postérieur, les angles obtus; l'abdomen est assez convexe, le dessus du corps au contraire très peu convexe, les côtés débordent un peu les élytres et sont tranchants; les pattes sont médiocrement fortes. *S. ornata*, 8 à 10 mill., ponctuée, d'un beau rouge, tête noire, parfois bordée de rouge, deux taches transversales sur le devant du corselet et quatre taches presque carrées derrière, une tache à la base de l'écusson, et une bordure interne des élytres élargie en tache carrée, un petit point derrière cette tache et une petite tache sur le milieu du bord externe, noirs; membrane d'un bleu un peu noirâtre, bords relevés de l'abdomen tachés de noir, milieu de la poitrine et de l'abdomen ainsi qu'une tache allongée sur le connexivum, noirs; très commune partout sur les crucifères cultivées, choux, navets, etc., n'exhale pas d'odeur désagréable. — *S. picta*, 7 à 8 1/2 mill., un peu plus petite et plus convexe que la précédente, mêmes dessins en dessus, mais blanc avec le bord postérieur du corselet et le milieu de la corie rouges; écusson blanchâtre avec une grande tache noire à la base et une petite ronde avant l'extrémité de chaque côté; diffère de la précédente par le dessus de l'abdomen noir au lieu d'être rouge et l'écusson indistinctement caréné dans sa moitié apicale; France méridionale et moyenne. — *S. decorata*, 7 1/2 à 8 1/2 mill., coloration de l'*ornata*, mais le rouge plus étendu; en diffère par le dessus de l'abdomen noir et l'écusson non caréné, diffère de la précédente par la poitrine noire, les pattes presque entièrement noires et le ventre avec une grande tache médiane noire; France méridionale et moyenne, assez commune. — *S. cognata*, 7 à 9 mill. d'un noir bleu d'acier, corselet rouge, ayant de chaque côté une grande tache d'un bleu noir, souvent presque partagée en deux par un trait rouge, écusson ayant deux taches basilaires, deux autres sur le milieu des côtés et l'extrémité, rouges, élytres ayant au bord externe une bande courte, étroite, une tache discoïdale et une autre transversale au niveau de la pointe de l'écusson, rouges; dessous bleu d'acier, poitrine à taches rouges, abdomen ayant au milieu une bande d'un bleu d'acier formée de taches transversales et une rangée de taches semblables sur les côtés; dans les dunes depuis la Bretagne jusqu'à l'Espagne, commune à Arcachon sur le *Cakile maritima*. — *S. festiva*, 6 à 7 mill., plus petite et plus courte que l'*ornata*, plus arrondie en arrière, même genre de coloration, très brillante, d'un rouge vif à dessins noirs, ponctuation moins grosse, membrane plus noire, plus étroitement bordée de blanchâtre, abdomen plus étroitement noir au milieu, connexivum rouge, sans taches noires, base des cuisses noire; presque toute la France. — *S. oleracea*, 5 1/2 à 7 mill., d'un vert foncé métallique, brillant, corselet ayant une large bande longitudinale, médiane, et une étroite bande latérale, une étroite bordure à la base de la corie, une tache transversale à l'angle interne de la corie et extrémité de l'écusson, d'un jaune pâle; quelquefois une bande suivie de chaque côté de l'écusson d'un jaune pâle; jambes ayant un anneau de même couleur; très commune partout, même dans les jardins. — *S. cyanea*, 6 mill., d'un bleu un peu violet, brillant, abdomen à deux bandes rouges, connexivum étroitement jaune, fortement et assez densément ponctué, le corselet plus grossement avec une impression transversale ; Pyrénées.

Le G. **Nezara** se distingue par l'abdomen ayant au milieu une carène arrondie qui forme à la base une saillie obtuse ; en outre, le mésosternum est nettement caréné au milieu, les pattes postérieures sont rapprochées des intermédiaires, le lobe frontal est large, à bords parallèles, non rétréci en avant ; le rostre atteint les pattes postérieures, les deuxième, troisième et quatrième articles des antennes sont égaux, le cinquième un peu plus court, le premier très court. *N. smaragdula*, 13 à 15 mill., d'un beau vert clair, finement et densément ponctué, parfois d'un vert brunâtre avec une large bande transversale jaune sur le devant du corselet ; la tête également jaune ainsi qu'une courte bordure externe à la base des élytres, dessous marbré de jaune et de vert ; les trois derniers articles des antennes plus ou moins rougeâtres ; France méridionale.

Le G. **Rhaphigaster** se distingue de ses congénères par ses tarses de trois articles et par l'abdomen non caréné, mais muni à la base d'une épine saillante ; le lobe médian atteint le bord antérieur de la tête que le premier article ne dépasse pas ; le rostre atteint la base de l'abdomen, le corselet est trapézoïdal, un peu incliné en avant, les angles latéraux sont plus ou moins obtus ; le sternum est finement caréné, l'écusson est assez grand, dépassant le milieu de l'abdomen dont les côtés sont assez tranchants avec les angles terminaux de chaque segment un peu pointus ; les pattes sont assez fortes et les jambes ont quatre sillons. *R. incarnatus*, 10 à 11 mill., d'un fauve un peu verdâtre, parfois à teinte rougeâtre, notamment sur les élytres, couvert en dessus de points enfoncés un peu bronzés, très serrés sur la tête et sur les côtés du corselet ; dessous roux avec les stigmates et une ligne sur le rostre noirs ; abdomen noir en dessus, pointe abdominale ne dépassant point les hanches intermédiaires ; très commun partout. — *R. griseus*, 15 mill., d'un fauve grisâtre, ponctué et un peu teinté de brunâtre en dessus, une tache noire plus ou moins marquée avant l'extrémité de l'écusson, qui est un peu plus jaunâtre ; antennes annelées de noir et de roux, dessous d'un fauve roussâtre, piqueté de noir ; membrane piquetée de brun, pointe abdominale robuste, aplatie à la base, arrivant en pointe jusqu'aux hanches antérieures ; aussi commun que le précédent, surtout dans les jardins, sur les groseillers et beaucoup d'autres arbustes à fruits.

Dans les deux genres suivants, les tarses ne présentent que deux articles et l'abdomen est nettement caréné.

Les **Acanthosoma** sont d'élégants insectes dont le corps s'atténue en arrière dès la base des élytres ; le lobe frontal est entier ; le corselet à peu près trapézoïdal, court, à angles latéraux bien marqués, mais médiocrement saillants ; l'écusson est assez grand, mais sans atteindre le milieu de l'abdomen, et se termine en pointe assez grêle ; les élytres sont grandes, la membrane dépasse notablement l'abdomen, le sternum présente une carène très saillante, très mince, contre laquelle vient s'appliquer la pointe ventrale. Le 1er article des antennes dépasse à peine la tête chez l'*A. interstinctum*, 8 mill., assez épais et assez convexe, d'un fauve nuancé de roux, notamment sur la tête et sur le devant du corselet dont les angles, un peu saillants, sont lavés de rouge en arrière et dont la base est un peu rembrunie, une grande tache d'un brun noirâtre, mal limitée, sur la base de l'écusson; côtés de l'abdomen débordant les élytres, tachetés de noir; dernier article des antennes noir; corps très ponctué, ces points bruns; assez commun. — Le 1er article dépasse notablement la tête dans les autres espèces : *A. lituratum*, 9 mill., moins convexe, roux, brillant, avec une belle teinte verte sur la moitié postérieure du corselet, une partie de l'écusson et le bord externe des élytres dont la partie interne est rougeâtre ; les deux derniers articles et l'extrémité du 3e sont verdâtres, ainsi que le dessous du corps et les pattes ; corps ponctué, mais assez faiblement et presque lisse sur l'écusson et une bande discoïdale des élytres ; abdomen terminé de chaque côté par une forte dent aiguë ; sur les genévriers exclusivement, à Fontainebleau et dans la France orientale et méridionale. — *A. hæmorrhoidale*, **15** mill., le géant du groupe, d'un roux olivâtre, passant au roux brunâtre en se desséchant, jaunâtre en dessous ; angles latéraux du corselet saillants, sans être très pointus, rougeâtres, quelquefois aussi l'extrémité de l'abdomen ; 1er article des antennes très grand, les deux derniers noirâtres ; dessus du corps à ponctuation forte, peu serrée sur le corselet et l'écusson, mais très dense sur les élytres, tous ces points noirs ; écusson ayant au milieu une ligne un peu élevée, plus pâle ; médiocrement commun dans toute la France.

Le G. **Sastragala** ne diffère du précédent que par les angles latéraux prolongés en épine aiguë ; le corps est aussi plus court et le prosternum s'avance un peu en s'arrondissant sur la base inférieure de la tête. *S. ferrugator*, **8** à **9** mill., d'un roux un peu rougeâtre, brillant l'été, épines latérales du corselet et une tache au milieu de l'écusson, noires ; dernier article des antennes brunâtre ; dessus très fortement ponctué, extrémité de l'écusson lisse ; Alpes, Vosges, Bar-sur-Seine, assez rare partout.

2e SECTION. — *Rostre épais, cylindrique, libre à la base. Tarses de 3 articles.*

I.	Tête un peu rétrécie en avant ; 2e article des antennes un peu plus long que le 3e..	ZICRONA.
II.	Tête carrée, 2e article des antennes beaucoup plus long que le 3e.	
A.	Bords latéraux du corselet unis, angles à peine saillants, obtus.	JALLA.
B.	Bords du corselet finement crénelés.	
a.	Angles latéraux saillants, mais obtus, déprimés.	
*	Pattes inermes.	ASOPUS.
**	Jambes antérieures armées d'une petite épine.	ARMA.
b.	Angles latéraux saillants, en épine aiguë. Pattes antérieures munies d'une épine. .	PICROMERUS.

L'unique espèce du g. **Zicrona** est bien reconnaissable à sa coloration uniforme d'un bleu métallique brillant, parfois un peu verdâtre; le corps est finement ponctué, la tête est plus atténuée en avant que dans les genres suivants, les pattes sont assez courtes, inermes, les angles latéraux du corselet sont obtus et l'impression transversale est fortement ponctuée. *Z. cœrulea*, **6** à **7** mill., commune partout. On dit que cet insecte détruit les altises des vignes.

Le g. **Jalla** présente un corps robuste, convexe, le corselet a les angles latéraux obtus, peu marqués, les côés lisses, légèrement arqués, le 2e article des antennes presque trois fois et demi aussi long que le 1er, le 3e plus long que le 2e, le 4e plus long que le 3e, les cuisses et les jambes antérieures sont armées en dessous d'une épine. *J. dumosa,* 10 à 12 mill., ovalaire, convexe, épais d'un roux brunâtre, un peu noirâtre sur la tête, le devant du corselet, la base de l'écusson criblés de points gros, noirs, beaucoupplus fins sur les élytres,une ligne rouge ou jaune au milieu de la tête se prolongeant sur le corselet et l'écusson, une bordure semblable sur les côtés du corselet et deux points à la base de l'écusson, base des jambes rouge ou jaune; rare dans les grandes forêts, Montmorency, Fontainebleau.

Les **Asopus** sont moins robustes, bien moins épais et moins convexes ; leur tête est échancrée au bord antérieur et les lobes latéraux sont un peu concaves, les angles latéraux du corselet sont obtus, larges et presque arrondis, les côtés sont plus visiblement denticulés, les pattes sont inermes, et le rostre atteint les pattes postérieures. *A. luridus*, 10 à 11 mill., assez déprimé, roussâtre, mais couvert de points serrés, enfoncés, noirs; tête un peu obscure, corselet ayant au milieu une ligne longitudinale un peu saillante, angles latéraux noirâtres, abdomen ayant une rangée de points noirs le long du bord externe et une autre de chaque côté ; peu commun, France septentrionale et médiane.

Le g. **Arma** ne diffère du suivant que par les angles latéraux du corselet, pointus, mais non saillants en épine aiguë, le rostre atteignant à peine les hanches postérieures, élargi au milieu, et par les pattes plus grêles inermes. *A. custos*, 15 mill., d'un brun jaunâtre en dessus, roussâtre en dessous, avec les côtés tachetés de noir, pattes ponctuées de noir, dessus du corps, ayant des points relevés, lisses; extrémité de l'écusson très étroite, obtuse; angles latéraux du corselet aplatis, bruns; membrane brunâtre, ayant à la base un point brun ; presque toute la France, assez commun.

Dans le g. **Pieromerus** le corps est peu convexe, la tête est tronquée en avant avec les yeux saillants, les antennes sont longues avec le 2e article très court, le rostre atteint les pattes postérieures, les angles latéraux du corselet sont aplatis, très aigus; l'écusson dépasse un peu le milieu de l'abdomen, les cuisses et les jambes antérieures ont une épine en dessous. *P. bidens*, 10 à 11 mill., grisâtre, parfois un peu plombé; ponctué de noir; extrémité de l'écusson pâle, membrane des élytres d'un brun bronzé, angles du corselet noirâtres, dessous fauve ponctué de noir; presque toute la France, fait la chasse aux chenilles et aux larves de Tenthrèdes. — *P. nigridens*, même taille et même coloration, diffère par les angles du corselet moins aigus, les bords marginés de jaune, mais non l'extrémité de l'écusson, et par le lobe frontal plus court; France méridionale.

FAMILLE DES CORÉIDES

Ces insectes sont caractérisés par l'insertion des antennes à découvert et sur la ligne ou au-dessus de la ligne tirée de l'œil au labre. Ils ont tous des ocelles et paraissent carnassiers. Leur corselet et leur tête sont souvent épineux ou denticulés, les antennes n'ont que quatre articles, et le dernier est souvent épaissi, le 1er toujours robuste. Les bords latéraux de l'abdomen sont minces, tranchants, presque toujours relevés de chaque côté des élytres; les cuisses postérieures sont très souvent plus épaisses et épineuses en dessous. Quelques-uns vivent à terre, sous les mousses, les pierres, d'autres sur les buissons, un petit nombre affectionne les plantes aquatiques.

I. Tête carrée.
A. Abdomen à bords latéraux minces, arrondis ou lobés.
a. Corps bordé d'épines, bords de l'abdomen laciniés . . . . PHYLLOMORPHA.
b. Corps non bordé d'épines, bords de l'abdomen arrondis. . . . . SYROMASTES.
B. Abdomen à bords latéraux aplatis, anguleux. . . . . VERLUSIA.
II. Tête triangulaire ou pointue entre les antennes.
A. Corps ovalaire ou oblong, pattes ordinaires.
a. Corselet denticulé sur les bords. Cuisses postérieures denticulées.
* 1er article des antennes aussi long que la tête et que le 2e. . . . . COREUS.
** 1er article des antennes plus court que la tête, plus long que le 2e. . . . . PSEUDOPHLŒUS.
b. Corselet non denticulé.
* 1er article des antennes aussi long ou plus long que la tête. Cuisses postérieures inermes. . . . . GONOCERUS.
** 1er article des antennes plus court que la tête.
† Cuisses postérieures inermes.
α. Tête pointue, yeux petits, plus saillants. . STENOCEPHALUS.
β. Tête transversale, yeux assez gros, très saillants. . . . . CORIZUS.
†† Cuisses postérieures épineuses, yeux très saillants. . . . . ALYDUS.
B. Corps allongé, parallèle, élytres incomplètes ou courtes, pattes et antennes non filiformes.

α. 1er article des antennes plus court que la tête. Elytres tronquées. . . . . MICRELYTRA.

β. 1er article des antennes plus long que la tête. Elytres à membrane plus courte que l'abdomen. . . . . CHOROSOMA.

C. Corps filiforme, pattes et antennes longues et filiformes. . . . . NEIDES.

Le g. **Phyllomorpha** a de grands rapports avec les *Syromastes*, mais le corps est bien plus épineux ; ce sont des insectes extrêmement curieux par les expansions foliacées profondément découpées cté pineuses du corselet et de l'abdomen ; elles sont hérissées d'épines; les antennes sont filiformes, le 1er article un peu épaissi, les derniers courts, les pattes sont aussi grêles et hérissées d'épines, la corie des élytres est petite et la membrane hyaline est très développée. *P. laciniata*, 7 à 8 mill., fauve, tachetée de brun sur le corselet, avec des bandes brunâtres sur les côtés de l'abdomen ; bord postérieur du corselet profondément échancré, les lobes latéraux se prolongeant sur la base du corselet ; extrêmement rare aux environs de Paris, assez commune aux bords de la Loire et dans le midi de la France; quelquefois sur les arbres, souvent sous des pierres.

Les **Syromastes** sont les géants de cette famille ; leur corps est robuste, assez déprimé sur les élytres, très convexe en dessous ; leur tête est carrée, épineuse, en avant; les yeux et les ocelles sont gros, les antennes assez robustes, sont au moins aussi longues que la moitié du corps; le 1er article un peu prismatique, assez gros, le dernier ovalaire-allongé, plus court que le 3e, le corselet convexe à la base, et très déclive en avant, les angles postérieurs sont dilatés, saillants, plus ou moins obtus ; l'écusson est assez grand, triangulaire, l'abdomen a les bords comprimés, tranchants, et relevés de chaque côté des élytres ; les pattes sont assez fortes. *S. marginatus*, 12 à 15 mill., d'un brun cannelle, parfois avec une teinte grisâtre, 2e et 3e articles des antennes d'un fauve pâle, côtés de l'abdomen marqués de taches rousses presque carrées, tête non prolongée entre les antennes, ayant au côté interne de chaque tubercule antennifère, une épine aiguë oblique en dedans ; cuisses à peine renflées, un peu épineuses en dessous ; jambes sinuées ; très commun partout, sur les ronces notamment. — *S. scapha*, 13 à 15 mill., même forme, plus noirâtre en dessus, grisâtre en dessous ; 4e article des antennes noir ; côtés de l'abdomen tachetés de jaune, tête formant une pointe entre les antennes, ayant en dehors de leur base une épine aiguë et deux épines en dedans, angles antérieurs brièvement épineux ; jambes droites ; commun dans la France méridionale, rare dans le centre. — Une autre espèce tout à fait spéciale au Midi est le *S. spiniger*, 9 à 11 mill., brun varié de roux et de grisâtre, antennes rousses avec le dernier article d'un brun noir, tête ayant une pointe entre les antennes, les saillies antennaires ayant une épine externe et une très petite interne ; deux épines droites de chaque côté de la tête, devant les yeux ; corselet très inégal, denticulé sur les côtés en avant, les bords latéraux relevés et arrondis aux angles qui sont fortement échancrés ; lobes postérieurs saillants de chaque côté de l'écusson et bordés de couleur pâle, côtés de l'abdomen bruns et fauves, pattes grêles.

Les **Verlusia** se distinguent des autres *Coréides* par un corps aplati, atténué en avant, et surtout par l'abdomen plus ou moins rhomboïdal ; la tête forme une saillie entre les antennes; les yeux sont petits, les antennes plus longues que la moitié du corps, à 1er article gros, à peu près de même longueur que les deux suivants, le dernier épaissi, fusiforme; le corselet a la forme d'un trapèze dont les angles postérieurs seraient tronqués et la partie antérieure prolongée ; les élytres sont bien plus étroites, au milieu, que l'abdomen qui les déborde de chaque côté en angle plus ou moins saillant; l'extrémité de l'abdomen est entière chez les ♂, multilobée chez les ♀. *V. rhombea*, **10** mill., d'un brun jaunâtre en dessus, pâle en dessous, tacheté de noir, dernier article des antennes brun, les autres roux ; angles postérieurs du corselet obtusément droits, ceux de l'abdomen droits ; commune partout. — *V. sulcicornis*, **11** à **12** mill., plus rousse; angles latéraux de l'abdomen anguleusement arrondis, rougeâtres, ainsi que les antennes ; antennes prismatiques, 2e et 3e articles finement rugueux, 4e article brunâtre ; corselet à angles plus relevés, une faible saillie transversale avant le bord postérieur ; France méridionale.

Les **Coreus** sont oblongs, velus ; leur tête, en triangle allongé, forme une saillie obtuse entre les antennes ; les yeux sont assez petits, globuleux, saillants ; les antennes ont à peu près la moitié du corps et présentent en dehors, à leur base, une dent robuste ; le 1er article est très gros, les suivants sont épais, le 4e plus court, pointu, tous sont velus et finement épineux ; le corselet est trapézoïdal, denté et épineux sur les côtés en avant, les angles postérieurs sont saillants ; l'écusson est très petit, les bords de l'abdomen sont comprimés et un peu relevés, les pattes sont assez fortes et velues, les pattes postérieures sont notablement plus grandes que les autres, et leurs cuisses sont fortement épineuses. *C. hirticornis*, 8 à 10 mill., d'un roux cannelle ou un peu cendré, très velu assez rugueux; antennes plus foncées vers l'extrémité corselet fortement épineux sur les côtés, bordé d'un étroit liseré pâle ; segments et abdomen se terminant en dehors par une petite dent, la dernière épineuse ; commun partout. — *C. dentator*, 8 à 10 mill., d'un brun noirâtre, plus parallèle et plus trapu que le précédent base des antennes hérissée de fines épines courtes ains que les bords latéraux du corselet en avant, côtés de l'abdomen à taches fauves, jambes d'un fauve pâle France méridionale. — *C. gracilicornis*, 9 à 12 mill. d'un fauve grisâtre pâle; antennes plus rousses, à dernier article brun; corps finement ponctué de brun foncé avec des raies brunes sur la tête; les bords du corselet étroitement enfumés et à peine denticulés en avant un étroit liseré pâle à la base des élytres, abdomen brun à taches latérales fauves, extrémité des cuisses postérieures brune; France méridionale.

Les **Pseudophlœus** ressemblent aux *Coreus;* leur corps est rugueux, granuleux, finement velu; les antennes, qui n'atteignent pas le milieu du corps, ont le 1er article épais, parfois épineux; le 2e trois ou quatre fois plus court que le 3e, le dernier court, ovalaire ; les yeux sont très petits, le corselet, à peu près trapézoïdal, est un peu relevé en arrière ; l'écusson est grand, triangulaire ; les nervures de la corie sont assez fortes et la membrane présente des cellules assez irrégulières, réticulées ; les pattes sont assez courtes, grêles ; cuisses médiocrement renflées, parfois épineuses en dessous. Ces insectes, d'une démarche assez lente, se trouvent à terre, dans les endroits secs. — *P. Fallenii*, 6 mill., d'un gris terreux, maculé de taches brunes assez vagues; 1er article des antennes couvert de très courtes épines, tête couverte d'aspérités, ayant une forte pointe de chaque côté des antennes ; corselet très rugueux, transversal, très court, finement denticulé sur les bords; nervures des élytres ponctuées de noir, dessous du corps tacheté de roux, de blanchâtre et de brun; cuisses couvertes d'aspérités, les postérieurs ayant en dessous une épine peu marquée ; partout, mais peu commun.

Les **Gonocerus** tiennent le milieu entre les *Syromastes* et les *Stenocephalus;* la tête n'est pas carrée et se prolonge entre les antennes qui sont écartées à la base, assez longues, avec le 1er article comprimé comme chez les *Verlusia*, et le dernier plus court que le précédent; les angles latéraux du corselet sont très saillants, parfois épineux ; le corps est oblong, les élytres sont un peu débordées par les bords de l'abdomen, qui sont largement arrondis et tranchants ; ils sont assez agiles et paraissent très carnassiers. *G. venator*, 10 à 12 mill., d'un brun roussâtre, angles latéraux du corselet assez saillants, mais obtus ; corps un peu élargi en arrière ; toute la France, peu rare. — *G. juniperi*, 10 mill., roussâtre, teinté de fauve et de vert, cette couleur disparaissant quand l'insecte est desséché ; antennes brunes à l'extrémité, pattes d'un verdâtre clair, angles latéraux du corselet assez pointus ; sur les genévriers, toute la France. — *G. insidiator*, plus grand que les précédents, allongé, rougeâtre, avec les pattes plus claires ; angles du corselet en épine aiguë ; France méridionale, rare.

Les **Stenocephalus** sont, au contraire, assez larges ;

leur tête, beaucoup plus étroite que le corselet, allongée, terminée en avant par deux pointes aiguës; les yeux sont globuleux, saillants; les ocelles très en arrière des yeux; les antennes sont un peu velues, à 1er article épais, le 2e notablement plus long que le 1er et que le 3e, le 4e pas plus épais que les précédents; le corselet est trapézoïdal, incliné en avant avec les angles postérieurs un peu marqués; l'écusson assez grand, les élytres à corie grande, l'abdomen à côtés comprimés, un peu relevés; les pattes sont moyennes, assez grêles; les cuisses un peu épaisses. *S. nugax*, 20 à 22 mill., d'un brun plus ou moins foncé, dessous couvert d'une pubescence cendrée; 1er article des antennes, milieu et extrémité du 2e, extrémité du 3e et presque tout le 4e brun foncé; le reste d'un fauve pâle ainsi que les pattes; extrémité des cuisses et les jambes et tarses noirâtres; commun dans toute la France, notamment sur les euphorbes. — *S. neglectus* est un peu plus petit, plus étroit; le 2e article des antennes n'a que l'extrémité noirâtre, le dernier article brunâtre et presque deux fois aussi plus long que le 3e; chez le précédent, le même article n'est que de moitié plus long que chez le 3e; France méridionale.

Les **Corizus** ont le corps un peu allongé, déprimé en dessus, très convexe en dessous, la tête triangulaire, un peu saillante en avant, les yeux globuleux, saillants, les ocelles très gros, les antennes à 1er article ovalaire très court, les deux suivants cylindriques, le dernier fusiforme, assez épais; le corselet est trapézoïdal, l'écusson assez grand, atteignant le quart ou le tiers de l'abdomen; la corie des élytres est assez claire et les côtés de l'abdomen sont tranchants, un peu relevés; les pattes sont assez grêles, avec les cuisses, surtout les postérieures, un peu renflées au milieu. Chez les uns, la membrane est sombre et présente quinze ou vingt nervures serrées. *C. hyosciami*, 9 à 10 mill., d'un rouge pourpre sombre, tête noire avec une tache rouge, bord antérieur du corselet et deux taches vers la base, bords internes de la corie avec une tache discoïdale et écusson, sauf l'extrémité, noirs; abdomen rouge avec trois taches noires sur chaque segment, antennes et pattes noires, parfois teintées de rouge; commun dans toute la France, sur la jusquiame, exhale une odeur analogue à celle du thym. Chez les autres, la membrane est transparente, claire, avec huit ou dix nervures au plus. *C. crassicornis*, 7 mill., ovalaire, oblong, d'un fauve clair un peu grisâtre; dernier article des antennes brun, pattes ponctuées de brun, extrémité des articles des tarses noirâtre; corps fortement ponctué, une épine en dehors de la base des antennes, corselet ayant au milieu une ligne fine élevée, écusson lisse à l'extrémité et sur les côtés à la base, élytres un peu ponctuées en dehors, à nervures saillantes; dessus de l'abdomen tacheté de noir; commun partout. — *C. abutilon*, ne diffère du précédent que par la coloration plus roussâtre avec des lignes brunâtres; l'écusson un peu strié sur les côtés et creusé à l'extrémité, dessus de l'abdomen noir tacheté de jaune; commun partout. — *C. errans*, 11 mill., plus grand et plus allongé, tête moins courte, d'un brunâtre clair ou un peu roussâtre dessous; pattes verdâtres, antennes brunes, rougeâtres au milieu, un liseré sur les côtés du corselet et extrémité de l'écusson roussâtres ou verdâtres; corps ponctué, extrémité de l'écusson lisse, dessus de l'abdomen noir avec les côtés verdâtres ou roux ; France méridionale.

Les **Alydus** ont le corps très allongé, la tête triangulaire, aussi large que le corselet, prolongée en pointe entre les antennes ; les yeux globuleux et très saillants, les ocelles gros, rapprochés ; les antennes plus longues que la moitié du corps, assez grêles, de quatre articles, le dernier plus long que les deux précédents réunis ; le corselet, trapézoïdal, est un peu élargi en arrière ; la membrane des élytres a de nombreuses nervures serrées ; l'abdomen est rétréci à la base, les pattes sont longues, grêles, les postérieures plus grandes avec les cuisses épineuses en dessous. Les uns ont les cuisses postérieures à peine plus grosses que les autres et les jambes postérieures droites : *A. calcaratus*, 10 à 11 mill., noirâtre, pubescent, les trois premiers articles des antennes d'un fauve pâle, leur extrémité noire ; tête et corselet rugueusement ponctués, ce dernier à angles postérieurs obtusément arrondis ; jambes roussâtres, cuisses postérieures armées en dessous de trois épines ; commun partout, sur les genêts, les euphorbes, etc. — Les autres ont les cuisses postérieures très épaisses avec les jambes arquées : *A. lateralis*, 12 mill., allongé, d'un brun roussâtre avec une bordure des hémélytres et du corselet pâles, une ligne médiane élevée, fauve sur le milieu de la tête, du devant du corselet et sur l'extrémité de l'écusson ; abdomen en dessus et jambes postérieures rougeâtres, cuisses postérieures grosses, épaisses, très épineuses en dessous ; plus commun dans la France méridionale.

Les **Micrelytra** se reconnaissent facilement à leur corps encore plus allongé, filiforme, parallèle, à leur abdomen relevé sur les côtés et à leurs élytres atteignant à peine le milieu de l'abdomen, tronquées et presque toujours dépourvues de membrane ; leur tête est bien plus étroite, obtusément triangulaire ; les antennes sont grêles et les cuisses postérieures ne sont nullement épineuses. *M. fossularum*, **10** à **12** mill., d'un brun noirâtre, un peu bronzé avec une étroite bordure d'un jaunâtre pâle ; milieu des 2ᵉ et 3ᵉ articles des antennes et jambes d'un fauve pâle ; corps très ponctué en dessus, abdomen presque lisse ; France méridionale, assez commune au bord des eaux.

Le G. **Chorosoma** ne renferme qu'une espèce allongée, parallèle ; la tête est allongée, mais peu pointue, les antennes sont assez longues et assez fortes, le **1**ᵉʳ article épais, sinué en dedans à la base, souvent diminuant de grosseur depuis la base ; les yeux sont gros, assez saillants ; le corselet est presque carré, mais un peu atténué en avant ; l'abdomen est parallèle relevé sur les bords, la corie est courte, la membrane longue, mais n'atteignant pas l'extrémité de l'abdomen ; les pattes sont assez grandes et inermes. *G. Schillingii*, **11** à **13** mill., d'un fauve pâle, avec deux bandes longitudinales brunes sur l'abdomen, tarses bruns ; plus commun dans le midi, au bord des eaux.

Les **Neides** ont le corps très grêle, à pattes longues et sétacées, le dernier article des antennes et l'extrémité des cuisses un peu épaissis ; les yeux petits, saillants, les ocelles placés en arrière des yeux ; le corselet allongé, tricaréné, l'écusson à peine distinct. L'aspect de ces insectes est celui d'une araignée à cause des pattes et des antennes filiformes, parfois très longues, mais surtout très grêles ;

leur démarche est lente, hésitante ; ils sont peu communs. Chez les uns l'écusson est surmonté d'une fine épine et la tête est obtuse, *N. elegans*, 4 à 5 mill., oblong, d'un fauve pâle avec la tête ; le dernier article des antennes et trois tubercules sur le corselet, noirs ; pattes finement ponctuées de noir, dessous d'un noir brillant ; toute la France, peu commun. — Chez d'autres, la tête est très pointue et l'écusson mutiques : *N. tipularius*, 10 mill., d'un fauve grisâtre, avec le dernier article des antennes et les tarses bruns, bien plus allongé que le précédent ; la tête prolongée en pointe aiguë, le corselet allongé, ayant une fine carène au milieu ; les élytres à côtes fines et les cuisses nullement arquées à la base ; toute la France, peu commun. — *N. clavipes*, 6 mill., allongé, atténué en avant et en arrière, roux avec le dernier article des antennes et l'extrémité du 2e noirâtres, une carène pâle au milieu du corselet et de fines lignes élevées, pâles sur l'écusson et les élytres ; extrémité des cuisses brunâtre, tête très pointue ; toute la France.

FAMILLE DES LYGÉIDES

Cette famille offre une certaine analogie avec quelques genres de la famille précédente dont elle diffère par l'insertion des antennes au-dessous de la ligne allant des yeux à la base du rostre et par les nervures de la membrane. La tête est triangulaire, le rostre est allongé et dépasse les pattes postérieures, le corps est déprimé en-dessus, mais souvent très convexe en-dessous ; le 1er article des antennes est plus long que la tête, le dernier est parfois filiforme, mais jamais renflé. Les ocelles manquent quelquefois, et alors la membrane offre huit nervures ; cette membrane manque quelquefois :

I. Des ocelles. Membranes à 5 nervures au plus.
A. Yeux pédonculés ou allongés sur les angles du corselet. Stigmates postérieurs placés sur le ventre même . . . . OPHTHALMICIENS.
B. Yeux globuleux, sessiles.
a. Sutures ventrales droites, atteignant le bord de l'abdomen.
* Stigmates abdominaux placés sur le connexivum.
† Corie à ponctuation nulle ou effacée. Les deux nervures internes de la membrane réunies par une transversale. . . . . . . LYGÉENS.
†† Corie très distinctement ponctuée, ainsi que le corselet et l'écusson. Nervures internes de la membrane non réunies. . . . CYMIENS.
** Stigmates abdominaux placés en tout ou partie sur le ventre.
† Membrane sans crochet sur la nervure transversale. Abdomen parallèle, fortement débordé par les élytres . . . . OXYCARÉNIENS.
†† Membrane avec un crochet sur la nervure transversale. Abdomen ovalaire, non ou à peine débordé par les élytres. . . . . . . HÉTÉROGASTRIENS.
b. 3e suture ventrale sinuée vers les bords latéraux qu'elle n'atteint pas. Cuisses antérieures renflées. . . . . PACHYMÉRIENS.
II. Pas d'ocelles. Membrane (quand elle existe) à deux ou trois cellules, émettant de nombreuses nervures bifurquées. . . . . PYRRHOCORIENS.

1re Tribu. — Ophthalmiciens.

A. Yeux allongés, s'étendant sur les angles antérieurs du corselet. . . . . OPHTHALMICUS.
B. Yeux pédonculés. . . . . HENESTARIS.

Le G. **Ophthalmicus** est bien facile à reconnaître à la brièveté et à la largeur de la tête et à ses yeux proéminents, mais non pédonculés s'étendant sur les angles antérieurs du corselet qui sont coupés obliquement; les antennes, insérées presque au milieu de la tête, sont assez courtes, le dernier article est fusiforme; le rostre atteint les pattes intermédiaires; l'écusson est grand; la partie coriace des élytres est longue, la membrane est courte et manque quelquefois. Ce sont des insectes très agiles et paraissant carnassiers, vivant dans les endroits sablonneux et chauds, soit sur les revers des fossés ou des talus exposés au midi, soit au bord des ruisseaux. Rares dans le nord, ils sont plus communs dans le midi de la France.

O. erythrocephala, 9 mill., d'un noir luisant, ponctué; tête rouge, pattes d'un fauve rougeâtre, membrane des élytres claire. — *O. pallidipennis*, 3 mill., d'un noir luisant, ponctué, bord antérieur de la tête, du corselet et bord postérieur de ce dernier blanchâtres, ainsi que les élytres; genoux, extrémité des jambes et tarses, pâles. — *O. albipennis*, 2 à 3 mill., d'un noir luisant, les élytres d'un jaunâtre pâle, parfois brunes avec une bande longitudinale jaunâtre: France méridionale, rare. — *O. lineola*, 3 mill., d'un noir brillant, deux taches sur la tête, élytres et pattes jaunâtres, extrémité des élytres plus ou moins noirâtre, membrane plus longue que l'abdomen, cuisses souvent brunâtres; France méridionale. — *O. grylloides*, 3 à 3 1/2 mill., noir, devant de la tête, tour du corselet et des élytres, et extrémité de l'écusson d'un blanc jaunâtre, pattes jaunes, antennes d'un brun foncé; corps fortement ponctué, écusson caréné; France maritime.

Le G. **Henestaris** a le corps oblong, la tête large, et avec les yeux pédonculés, plus larges que le corselet; l'unique espèce. *H. laticeps*, 5 à 6 mill., est d'un jaune plus ou moins brunâtre et ponctué de brun, finement pubescent, le bord interne des yeux, une ligne médiane sur la tête et le corselet et les angles postérieurs plus lisses, un petit relief blanchâtre de chaque côté à la base de l'écusson, membrane blanchâtre; presque toute la France, plus rare dans le nord.

2e Tribu. — Lygéens.

A. Corie droite à l'extrémité. Angle externe des tubercules antennifères obtus. Couleurs tranchées, vives.	LYGÆUS.
B. Corie sinuée à l'extrémité. Tubercules antennifères aigus. Coloration fauve ou grisâtre.	NYSIUS.

Les **Lygæus** ont le corps elliptique, oblong, plat en dessus, extrêmement convexe en dessous et sont ornés de vives couleurs, rouges, noires et blanches; la tête est triangulaire, assez pointue en avant; les yeux, assez petits, sont globuleux et saillants, les ocelles gros, les antennes assez longues, le 1er article court et épais, le 2e plus long que les autres, le 4e à peine épaissi; le rostre atteint les pattes intermédiaires, le corselet est trapézoïdal avec de faibles impressions; la membrane ne présente que cinq nervures assez saillantes, les deux internes réunies par une nervure transverse; les pattes sont assez grandes, égales. *L. militaris*, 15 mill., rouge de sang, trois taches sur la tête, bord antérieur du corselet et une bande arquée, de chaque côté, écusson, une bande oblique et une transversale sur chaque élytre, antennes, pattes et des taches sur les côtés du corps, en dessous noirs; membrane blanchâtre avec une tache noire à la base; commun dans la France méridionale, se trouve quelquefois à Fontainebleau. — *L. equestris*, 12 mill., d'un rouge corail, trois petites taches sur la tête, une grande tache sur le devant du corselet et une bordure étroite à la base, écusson, une tache oblique sur la suture, rejoignant une bande transversale, antennes, pattes et poitrine, noirs; deux rangées de taches noires de chaque côté de l'abdomen, et segment anal noir; membrane noire, un point discoïdal, une tache basilaire et une bordure etroite apicale blanchâtres; toute la France, plus commun dans le midi. — *L. familiaris*, 9 mill,, rouge corail, tête, une grande tache de chaque côté du corselet, écusson, sauf deux points à la base, une grande tache au milieu de chaque élytre, antennes, pattes, et de grandes taches sur les côtés du corps, en dessous noirs; membrane noire, avec un petit point blanc à la base et une très étroite bordure apicale blanchâtre; commun sur le *Cynanchum vincetoxicum*. — *L. saxatilis*, 10 mill., d'un rouge de sang, trois taches sur la tête, une grande tache de chaque côté du corselet et une bande antérieure, écusson, une bordure externe sur les élytres, une bande oblique, s'élargissant sur cette bordure et sur la suture, une tache discoïdale, une étroite bordure apicale, antennes, pattes et des bandes transversales sur les côtés du corps, noirs; membrane d'un brun noirâtre, sans tache; très commun partout. — *L. punctum*, 7 à 8 mill., rouge corail, tête, une bande transversale sur le devant du corselet, une autre au milieu, se coudant de chaque côté en arrière, écusson, sauf une carène apicale, une bordure sur chaque élytre le long de l'écusson, un point discoïdal, antennes, pattes et poitrine, noirs; une ligne de points noirs sur les côtés de l'abdomen; membrane noire avec un très petit point à la base, un plus grand au milieu et une étroite bordure apicale, pâles; peu commun. — *L. punctato-guttatus*, 5 mill., bien plus petit que es précédents, d'un rouge moins vif, tête, une grande tache de chaque côté du corselet en arrière, écusson, une tache discoïdale sur chaque élytre, un très petit point près de l'écusson, antennes, pattes et milieu de la poitrine, noirs; membrane noirâtre, avec une tache ronde vers la base et une grande tache apicale blanches; une rangée de points noirs sur les côtés de l'abdomen; segment anal noir; France méridionale, rare dans le centre. — *L. melanocephalus*, 6 mill., presque parallèle, d'un rougeâtre sombre, tête, antennes, une grande bande arquée sur le corselet, écusson, une grande tache apicale sur chaque élytre, d'un noir un peu bronzé, dessous et pattes rouges, des taches sur les côtés du corps et l'extrémité des cuisses noires; corselet fortement ponctué, membrane enfumée; toute la France, peu commun.

Les **Nysius** ont le corps bien plus petit que la généralité des *Lygæus*, leur coloration est grisâtre ou d'un fauve pâle, leur forme rappelle assez bien les *Henestaris* à cause de leurs yeux saillants; l'extrémité de la corie est sinuée, l'angle externe des tubercules antennifères aigu; les cuisses antérieures sont inermes et le rostre ne dépasse pas les hanches postérieures. *N. Thymi*, 4 mill., d'un grisâtre ponctué de noir, dessous noir, antennes noires, les 2e et 3e articles largement fauves, cuisses ponctuées de noir, écusson noirâtre, à peine pâle à l'extrémité; rostre noir, écusson non caréné, corie bordée de noir à l'extrémité, membrane transparente; toute la France.—*N. Senecionis*, 4 mill., d'un fauve pâle un peu brillant, ponctué de brun, antennes fauves, 4e article, extrémité du 1er, base des 2e et 3e noirâtres; écusson noir à la base, pâle à l'extrémité qui est carénée; élytres presque transparentes, deux ou trois traits bruns à l'extrémité de la corie; toute la France, commun. — *N. punctipennis*, 5 mill., plus grand et plus étroit, d'un fauve grisâtre ponctué de noir, antennes noires, 2e et 3e articles fauves au milieu, corselet finement caréné au milieu, élytres grisâtres, vaguement tachetées de brun en arrière; bord apical brun, membrane ne dépassant pas l'abdomen, blanchâtre, avec quelques raies brunâtres; toute la France, peu commun.

3e Tribu. — Cymiens.

Dans le G. **Cymus** le corps est oblong, elliptique, la tête triangulaire, assez pointue, convexe, sillonnée de chaque côté; les antennes sont assez grêles avec le dernier article un peu épaissi, le corselet a au milieu une ligne longitudinale un peu élevée, effacée en arrière; l'écusson est petit, caréné; la corie est fortement ponctuée, le 1er article des antennes n'atteint pas le sommet de la tête. *C. glandicolor*, 4 mill., ponctué, d'un jaune roussâtre pâle, tête rougeâtre, corselet ayant en avant une ligne pâle, écusson avec une carène pâle, corie plus pâle que le clavus, avec une teinte obscure au-dessus de la membrane qui est légèrement enfumée; commun partout. — *C. claviculus*, 3 à 4 mill., plus oit et moins ovalaire, écusson moins fortement caréné, bordure apicale de la corie brune et beaucoup plus courte; commun. — *C. melanocephalus*, 3 mill. 3/4, très voisin du précédent, plus foncé surtout sur la tête et le devant du corselet, l'écusson sans ligne ou carène pâle; moins commun.

Le G. **Clidocerus** diffère du précédent par le corps plus ovalaire, la tête non sillonnée, l'écusson grand, large, sans carène, le corselet arrondi à la base, mat, noir, caréné au milieu, presque droit sur les bords, la corie à points rares, disposés en lignes. — *C. didymus*, 5 1/2 mill., d'un jaunâtre brillant, assez fortement ponctué; tête, bord antérieur du corselet et écusson moins la base, roux, antennes noires, 2e et 3e articles roux au milieu, une bande noire transversale en avant du corselet, élytres presque transparentes, d'un fauve grisâtre, parfois teintées de rougeâtre, 2 points bruns au milieu de la corie et quatre à l'extrémité, dessous noir, pattes rousses; commun partout.

4e Tribu. — Oxycaréniens.

A. Elytres coriaces, homogènes, sans membrane distincte, très fortement ponctuées.	ANOMALOPTERA.
B. Elytres peu convexes ou déprimées, à membrane distincte.	
a. Corps plus ou moins oblong, ovalaire. Cuisses antérieures n'ayant qu'une épine.	MICROPLAX.
* Cuisses antérieures ayant deux ou plusieurs épines fortes.	
α. Tubercules antennifères très saillants, divergents.	METOPOPLAX.
β. Tubercules antennifères peu saillants, non divergents.	OXYCARENUS.
b. Corps parallèle, allongé. Elytres courtes. .	ISCHNODEMUS.

Le G. **Anomaloptera** est très remarquable par la consistance des élytres qui ne présentent aucune trace de corie, ni de membrane, et qui donnent à cet insecte un aspect singulier, motivant sa dénomination ; les cuisses antérieures sont inermes. *A. helianthemi*, 2 milll. 1/4, ovale, très convexe, très ponctué, d'un brun noir avec le devant du corselet d'un gris blanchâtre ; les élytres courtes d'un gris blanchâtre, fortement ponctuées de brun, à nervures saillantes, lisses ; 2e et 3e articles des antennes et pattes, sauf les cuisses, blanchâtres ; Landes, sur l'*Helianthemun guttatum*.

Microplax. — Corps assez allongé, faiblement élargi en arrière ; tête triangulaire, convexe, assez pointue ; yeux assez saillants, corselet en cône tronqué, impressionné en travers ; cuisses antérieures ayant une épine assez grande. *M. albofasciata*, 3 mill., allongé, d'un noir mat ; tête et corselet rugueusement ponctués, à longs poils ; élytres blanchâtres, nervure brune ainsi que l'extrémité de la corie, base du corselet noire, 2e article des antennes, jambes et tarses, jaunâtres ; presque toute la France.

Metopoplax. — Genre bien voisin du précédent, mais tête prolongée en un lobe rétréci à la base, arrondi au bout, plus marqué chez les mâles ; tubercules antennifères très saillants et un peu dirigés en dehors, cuisses antérieures munies de deux ou trois fortes épines. *M. ditomoides*, 3 mill. 1/2, d'un noir mat, grossement ponctué sur la tête et le corselet ; élytres d'un fauve blanchâtre, les deux nervures internes noires à l'extrémité, 2e article des antennes fauve au milieu, ainsi que les hanches, les genoux, les jambes et la base des tarses ; France méridionale.

Oxycarenus. — Corps allongé, tête en triangle pointu, yeux petits, assez saillants ; tubercules antennifères peu marqués, corselet en cône tronqué, légèrement impressioné en travers; cuisses antérieures munies de plusieurs épines, rostre long atteignant les hanches postérieures, et parfois le deuxième segment abdominal. Chez les uns le 1er article des antennes ne dépasse pas l'extrémité de la tête. *O. lavateræ*, 5 à 6 mill., d'un rouge foncé, avec l'extrémité noire; membrane hyaline dépassant beaucoup l'abdomen, base du ventre d'un beau rouge, un anneau jaunâtre aux jambes; France méridionale. — *O. pallens*, 3 à 4 mill. 1/2, d'un jaunâtre blanc, glabre, tête, antennes, base de l'écusson, une bande transversale sur le corselet et poitrine, noires, ainsi que la base de l'abdomen et un large anneau fémoral; très souvent le noir passe au jaune roux plus ou moins foncé, même aux antennes; France méridionale, assez commune. — *O. modestus*, 3 1/2 à 4 mill., d'un ferrugineux obscur, écusson et dessous du corps, noirs, 2e article des antennes et jambes plus pâles, base de la corie blanchâtre, membrane noire avec une grande tache blanche; presque toute la France, assez rare. — Chez les autres le 1er article des antennes dépasse notablement l'extrémité de la tête.

Macroplax, *Preyssleri*, 3 à 4 mill., noir, fortement ponctué, à pubescence cendrée, élytres blanches à nervures brunes, 2e article des antennes jaunâtre au milieu, base du corselet roussâtre; presque toute la France. — *M. Helferi*, 3 1/2 à 4 mill. 1/2, diffère du précédent par le corselet roussâtre en avant et à la base, par la corie blanche à nervures brunes, traversée par une bande brune et par la membrane grande, noire, ayant une tache blanche en dehors; France méridionale, remonte à Fontainebleau; commun.

Le G. **Ischnodemus** a le corps allongé, déprimé, le antennes plus longues que la tête et le corselet réunis le 1er article court, dépassant à peine la pointe de la tête celle-ci, large, courte; le corselet est trapézoïdal, pe rétréci en avant; quand les élytres sont incomplètes, elle sont tronquées; l'abdomen est assez long, les pattes son courtes. *I. sabuleti*, 4 1/2 à 6 mill., d'un noir mat, bor postérieur du corselet pâle aux angles, pattes fauves milieu des cuisses noir, élytres fauves, à nervures brunes souvent incomplètes; France méridionale. — *I. Genei* même taille et même coloration, parfois plus grand; an tennes plus courtes, yeux plus petits, moins saillants corselet plus long, plus rétréci en avant; abdomen plu long, souvent roussâtre en dessus, comme le connecti vum; France méridionale; plus rare.

5e Tribu. — Hétérogastriens.

Le G. **Heterogaster** a le corps oblong, elliptique assez épais mais peu convexe, d'un fauve pâle brillant piqueté et tacheté de noir; la tête est en triangle trans versal avec les yeux très saillants, les antennes asse courtes, le corselet trapézoïdal, les côtés de l'abdomer débordant les élytres. *H. urticæ*, 6 mill., tête et cor selet d'un noir bronzé, couverts de poils assez longs, for tement et densément pontués; base du corselet plus ou moins pâle au milieu, écusson bronzé, avec la pointe pâle élytres d'un fauve pâle, plus ou moins tachetées de noir membrane diaphane ayant parfois deux petits points noirs, connectivum noir avec des taches fauves, pattes ta chetées ou annelées, cuisses noires, fauves à la base; tarses fauves avec l'extrémité des 1er et 2e articles noire; commun partout. — *H. nepetæ*, même taille et même coloration, mais cuisses entièrement noires ainsi que le 2e article des antennes, une grande tache noire avant l'extrémité de la corie, base du corselet plus largement pâle; Hautes-Alpes. — *H. artemisiæ*, 4 mill., tête et corselet noirs, couverts d'une pubescence argentée extrêmement courte, le dernier d'un roux foncé à la base; écusson noir, fauve à l'extrémité; élytres fauves ayant parfois une teinte brune à l'extrémité de la corie, membrane transparente, sans tache; plus petit, plus étroit et moins tacheté que les précédents; toute la France. — Chez ces trois espèces les cuisses antérieures ont une épine en dessous, et le corselet non transversal a les côtés très faiblement marginés, sinués; dans la suivante, *H. salviæ*, 6 1/2 mill., qu'on a séparée génériquement sous le nom de **Platyplax**, les cuisses sont inermes, le corselet est transversal, les côtés sont marginés, non sinués, le corps est plus court, les yeux sont moins saillants; d'un jaune pâle grisâtre, ponctué et tacheté de noir, tête, écusson et poitrine, noirs, une tache jaunâtre sur le vertex, deux traits sur l'écusson et l'extrémité jaunâtres, antennes noires, 2e article et extrémité du 1er jaunâtres; toute la France, sur la sauge des prés; commun.

6e Tribu. — Rhyparochromiens.

Cette tribu fort nombreuse renferme un grand nombre d'insectes, la plupart de taille assez petite, que l'on rencontre le plus souvent dans les feuilles sèches, les fagots, les détritus végétaux, parfois sous les écorces; cependant on les trouve aussi quelquefois sur les buissons et les plantes basses. Leur coloration n'est pas variée, mais le dessin en est souvent assez élégant.

I. Corselet à bords latéraux en lame tranchante, un peu arquée.
A. Antennes nues ou rarement avec quelques poils courts. Marge latérale du corselet et de la corie non ponctuée.
a. Tête courte, transversale, 1er article des antennes dépassant peu ou pas le sommet de la tête. . . . . TRAPEZONOTUS.
b. Tête aussi longue que large, 1er article des antennes dépassant notablement la tête.
* Tête pas plus large que le devant du corselet. Corselet échancré en avant. Yeux petits, peu saillants,
α. 2e et 3e articles du rostre subégaux. Corps nu. . . . . MICROTOMA.
β. 2e article du rostre plus long que le 3e. Corps pubescent. PACHYMERUS.
** Tête plus large que le devant du corselet. Yeux gros, saillants. Corselet non ou à peine échancré. . . . . BEOSUS.
B. Antennes ayant à la base des soies rigides. Marge du corselet et de la corie ponctuée.
a. Corselet bien plus étroit que le milieu du corps. Tête pointue. . . . . ISCHNOPEZA.
b. Corselet aussi large que le milieu du corps. Tête courte. . . . . EMBLETHIS.
II. Corselet à bords latéraux non en lame tranchante, mais carénés et généralement un peu sinués.
A. Corselet peu rétréci d'arrière en avant, coupé droit ou presque droit en avant, côtés presque parallèles, angles antérieurs brusquement arrondis. Yeux petits.
a. Cuisses antérieures à une ou deux épines.
* Corselet carré ou presque carré. Yeux touchant les angles antérieurs du corselet. Cuisses antérieures très épaisses . . . . . PLINTHISUS.
** Corselet transversal. Yeux touchant les angles du corselet. Cuisses antérieures peu épaisses. LAMPRODEMA.
*** Corselet plus long que large. Yeux ne touchant pas les angles antérieurs du corselet. PTEROTMETUS.
b. Cuisses antérieures mutiques . . . . MACRODEMA.

c. Cuisses antérieures avec de nombreuses épines, dont une plus forte. . . . . RHYPAROCHROMUS.
B. Corselet trapézoïdal, rétréci graduellement en avant, angles antérieurs non brusquement arrondis. Yeux assez grands.
a. Tache mate postérieure des bords du 4e segment ventral très éloignée de l'antérieure et rapprochée du bord postérieur des segments. Corselet moins rétréci en avant.
* Cuisses antérieures mutiques . . . . STYGNUS.
** Cuisses antérieures dentées. . . . . PERITRECHUS.
b. Tache mate postérieure très éloignée du bord postérieur et rapprochée de la tache antérieure. Corselet très rétréci en avant. Cuisses antérieures épineuses.
* Corps oblong, plus ou moins convexe.
α. Corps densément ponctué. . . . . DRYMUS.
β. Corps finement ponctué . . . . SCOLOPOSTETHUS.
** Corps ovale, aplati en dessus, à peine convexe en dessous. . . . . GASTRODES.

Trapezonotus. — Corps ovalaire, oblong, déprimé en dessus; corselet sans impressions transversales, à côtés très faiblement arqués; antennes un peu velues, tête ne débordant pas le corselet, cuisses antérieures très renflées avec une forte dent et plusieurs petites. *T. agrestis*, 3 à 5 mill., ovalaire, roux, ponctué de noir; tête, partie antérieure du corselet et écusson, noirs; corselet pâle sur les côtés, corie ayant de chaque côté une tache irrégulière obscure, membrane foncée, à nervures blanchâtres; antennes noires avec le 1er article jaune; ♂ pattes antérieures jaunes, les postérieures noires, sauf les genoux; chez les ♀ les cuisses antérieures sont noires avec l'extrémité des genoux jaune; commun partout. — *T Ulbrichii*, 5 1/2 à 6 mill., plus grand, à élytres plus pâles, avec la tache obscure plus faible; membrane blanche, sans taches; ♂ 1er article des antennes et pattes fauves; ♀ 1er article des antennes noir, toutes les cuisses plus ou moins noires; toute a France.

Microtoma. — Corps presque elliptique, également rétréci aux deux extrémités, assez large ; les jambes sont fortes et les cuisses antérieures sont munies en dessous de quelques épines ; le corps est elliptique, plan en dessus ; les antennes sont peu longues avec le dernier article fusiforme ; le corselet est trapézoïdal, peu rétréci en avant, avec les côtés un peu arqués ; les élytres sont longues avec la membrane mate, le rostre est court et ne dépasse pas l'insertion des pattes antérieures. — *M. echii*, 8 mill., entièrement d'un noir mat, même la membrane ; commun sur la vipérine.

Pachymerus. — Corps plus étroit, coloration assez variée ; le corselet presque toujours noir dans sa moitié antérieure, jambes garnies de soies moins nombreuses et plus fines, tête triangulaire, obtusément acuminée ; corselet à impression transversale presque nulle, base largement sinuée, presque toujours nue, grande tache noire vers l'extrémité de la corie. *P. Rolandi*, 6 à 7 mill., entièrement d'un noir foncé, une grande tache d'un jaune orange à la base de la membrane ; commun partout. — Les espèces suivantes sont variées de brun et de noir ; chez les unes, les cuisses postérieures n'offrent aucune trace de dents : *P. pini*, 7 à 8 mill., d'un brun roussâtre, largement et irrégulièrement ponctué de noir ; tête, partie antérieure du corselet, écusson, une tache allongée sur le clavus, une autre tache triangulaire de chaque côté, au-dessus de la base de la membrane, la membrane elle-même, pattes et antennes, noires ; commun dans les endroits sablonneux. — *P. lynceus*, 7 mill., large, ovalaire, roussâtre, ponctué avec de larges mouchetures noires ; tête, une tache transversale quadrangulaire sur le devant du corselet, et une tache irrégulière sur chaque corie, noires, cette dernière tache ayant un point blanc à son sommet; membrane brune, écusson noir, avec une tache rousse oblongue de chaque côté du sommet; antennes et pattes noires, jambes antérieures pâles, sauf l'extrémité; toute la France, souvent sur la vipérine. — *P. phœniceus,* 7 1/2 mill., diffère du *P. pini* par la côte externe de la corie qui est noire, les jambes antérieures entièrement noires et la membrane sans tache; toute la France, plus répandu dans les montagnes. — *P. vulgaris*, 7 à 8 mill., noir, lobe postérieur du corselet, cories et bord postérieur des lobes pectoraux d'un fauve pâle, avec des points noirs sur le corselet, une ligne noire sur le bord du clavus, une grande tache noire à l'angle interne de la corie et une tache subapicale blanchâtre, base du 2e article des antennes, genoux, hanches, jambes et tarses antérieurs roux, leur extrémité noire; toute la France. — *P. tristis*, 6 mill., noir, corselet jaunâtre sur les côtés et à la base et ponctué de noir, cories jaunâtres avec les lignes et une grande tache interne, noires; tarses antérieurs, genoux et extrémité des deux premiers articles des antennes roux; France méridionale. — *P. quadratus*, 6 mill., plus allongé, d'un brun roux, ponctué de brun foncé, côtés du corselet et élytres non ponctués; tête, une tache quadrangulaire sur le devant du corselet, écusson et une tache oblongue sur la corie, noirs; membrane pâle avec une teinte foncée au milieu, cuisses noires, rougeâtres à l'extrémité; antennes à 1er article noir avec l'extrémité rougeâtre; les 2e et 3e d'un rougeâtre obscur; toute la France. — *P. pedestris*, 5 mill., étroit, d'un testacé rougeâtre ponctué ; tête, devant du corselet ainsi que les angles postérieurs et une tache ronde sur chaque corie, noirs ; une tache de chaque côté du corselet au-dessus de l'angle noir et une autre tache derrière la macule de la corie, blanchâtres ; membrane noire avec une tache apicale blanche peu distincte, antennes noires, 2e article jaunâtre, pattes noires, variées de jaune; toute la France. — *P. pineti*, 7 1/2 mill., noir, corselet roussâtre à la base et ponctué de brun, élytres jaunâtres avec une grande tache noire à l'angle postérieur, membrane noire avec une tache blanche ronde, antennes noires 2e et 3e articles roux, base du 4e blanchâtre, jambes et tarses roux ; comme chez le précédent, cuisses postérieures avec une dent, les antérieures pluridentées toute la France.

Beosus. — Tête plus large que le devant du corselet yeux grands et saillants, bord antérieur du corselet presque droit, pattes et antennes plus longues, corps un peu plus étroit que chez les *Pachymerus*, mais même coloration. *B. luscus*, 6 mill., tête noire, à fine pubescence argentée ; corselet ayant en avant une tache quadrangulaire noire, tout le tour pâle avec de larges points bruns les angles postérieurs noirs, écussson ayant le somme et une tache de côté blancs, clavus ponctué de brun, avec une tache brune au milieu; corie blanchâtre, avec des points bruns en lignes et quelques taches noires ; membrane presque noire, avec une tache apicale blanche pattes rousses, extrémité des cuisses et des jambes noire antennes jaunes variées de noir; toute la France. — *B erythropterus*, 7 mill., allongé, noir, les trois premiers articles des antennes rougeâtres, base du corselet e élytres d'un fauve rougeâtre, ces dernières ayant une grande tache subapicale blanche précédée d'une grande tache transversale noire; France méridionale.

Ischnopeza. — Corps assez étroit, atténué en avant; tête plus longue que large, en pointe un peu obtuse; joues saillantes, 1er article des antennes dépassant notablement la tête, corselet presque plus long que large, rétréci en avant, à côtés relevés, sans impression transversale; élytres s'élargissant en arrière, relevées sur les bords; membrane rudimentaire, pattes assez grandes, grêles. *I. hirticornis*, 6 1/2 mill., d'un fauve grisâtre, ponctué de brun, ces points plus serrés et formant de petites taches sur le bord des élytres; corps noir, les derniers segments de l'abdomen tachetés de fauve sur le bord, pattes fauves, cuisses noires, sauf l'extrémité; France méridionale.

Emblethis. — Corps ovalaire elliptique assez large, également arrondi en avant et en arrière; tête large, assez obtuse; corselet transversal, aussi large que les élytres; côtés droits, se rétrécissant en arc tout à fait en avant, antennes rapprochées des yeux à la base, tubercules antennifères tronqués. *E. verbasci*, 6 à 7 mill., entièrement d'un fauve grisâtre assez pâle, parsemé de points noirs fins, formant par leur réunion des taches sur les côtés des élytres et du corselet; poitrine noire au milieu, côtés du corselet non ciliés, largement lamellés; toute la France; assez commun.

Plinthisus. — Corps oblong ovalaire, presque parallèle, un peu convexe; corselet à côtés presque droits, ou faiblement élargi en arrière, à impression transversale large, peu profonde; bord antérieur parfois très faiblement échancré, les côtés épais, les angles postérieurs assez prononcés ; membrane manquant souvent. Chez les uns, le corselet est presque carré, à ponctuation égale : *P. minutissimus*, 1 1/4 mill., d'un jaune ferrugineux brillant, écusson et abdomen obscurs, antennes brunâtres au milieu; France méridionale, Fontainebleau; souvent dans les grands nids de fourmis. — Chez les autres, le corselet est plus long que large, fortement ponctué sur le tiers postérieur : *P. brevipennis*, 2 2/3 à 3 1/3 mill., d'un brun noir brillant, glabre ; base des antennes et les cuisses, genoux, jambes et tarses plus pâles ; élytres fortement ponctuées, souvent obliquement tronquées, avec une membrane rudimentaire ; toute la France.

Lamprodema. — Genre différant à peine du précédent, cuisses moins épaisses, corselet plus court, plus transversal, à côtés moins sinués vers la base, ce qui rend les angles moins saillants ; élytres ayant toujours une membrane, dernier article des antennes un peu plus long. *L. maurum*, 4 mill., ovalaire, d'un noir brillant, glabre ; tête, corselet et écusson très faiblement bronzés; corselet roussâtre à la base, jambes et tarses d'un roux ferrugineux, membrane ordinairement blanchâtre, avec le milieu obscur ; toute la France, peu commun.

Pterotmetus. — Corps allongé, parallèle, à élytres courtes, la corie ne dépassant pas le milieu de l'abdomen ; membrane presque toujours rudimentaire, corselet plus long que large, à peine distinctement atténué en avant, bord postérieur assez fortement sinué, tête large, obtuse, convexe en long ; antennes assez fortes, dernier article plus court que l'avant-dernier, écusson médiocre, triangulaire, pointu ; pattes assez grandes, cuisses antérieures épaisses. *P. staphylinoides*, 5 mill., noir, brillant, ponctué ; élytres d'un rougeâtre sale, bordées d'une membrane rudimentaire blanche à la base et ayant à l'angle basilaire interne une grande tache brune ; quand la membrane est entièrement développée, elle est d'un brun enfumé, avec la base largement blanche et une tache triangulaire brune à l'angle basilaire interne ; dans les endroits secs et sablonneux ; presque toute la France.

Macrodema. — Plus court et moins parallèle que le genre précédent, corselet presque carré, à peine plus large que long ; les côtés très faiblement sinués vers la base qui est assez fortement sinuée, angles postérieurs un peu saillants, impression transversale profonde, tête assez large, triangulaire, assez pointue ; dernier article des antennes à peu près égal au précédent, élytres le plus souvent sans membrane. *M. micropterum*, 3 mill., allongé, noir, brillant ; glabre, tête et corselet ponctués, ce dernier à bord postérieur d'un jaunâtre velouté, mat ; élytres le plus souvent beaucoup plus courtes que l'abdomen, jaunâtres, veloutées, à lignes de points noirs ; 2e article des antennes roussâtre au milieu ; toute la France.

On sépare sous le nom d'**Ischnocoris** quelques espèces dont les yeux ne touchent pas tout à fait le corselet. *I. hemipterus*, 3 mill., allongé, parallèle, très finement ponctué, noir ; corselet ayant une tache pâle, ponctuée de noir près des angles postérieurs ; extrémité de l'écusson jaune, élytres presque toujours rudimentaires, d'un roux pâle avec des points noirs ; antennes brunes, extrémité du 1er article et le 2e, jaunes ; pattes d'un jaune testacé, cuisses antérieures noires à la base, les postérieures avec un anneau noir ; toute la

France, peu commun. — *I. punctulatus*, 2 1/2 mill. fortement ponctué, noir; corselet jaunâtre à la base e ponctué de noir, écusson jaunâtre à l'extrémité, élytre jaunâtres ponctuées de brun, antennes noires, les deu premiers articles plus ou moins jaunâtres à l'extrémité pattes jaunes, parfois les cuisses brunes au milieu; Franc méridionale.

Rhyparochromus. — Corps oblong, très peu con vexe; corselet coupé presque droit en avant, à côté légèrement sinués avant la base, ce qui rend ses angle postérieurs un peu saillants; impression transversale pro fonde, tête en triangle assez large, pointue en avant yeux saillants, écusson médiocre, très pointu et caréné l'extrémité; cuisses antérieures très grosses, armées e dessous, sur la moitié apicale, de nombreuses dents, don une plus grande. *R. chiragra*, 4 à 5 mill., noir; élytre roussâtres, nervures et une grande tache irrégulièr apicale, noires; antennes noires, 2e article roux sau l'extrémité, cuisses noires, rousses à la base, jambe rousses, noires à l'extrémité, tarses roussâtres, obscurs l'extrémité, à poils hérissés plus ou moins serrés; com mun partout. — *R. dilatatus*, 5 à 6 mill., beaucoup plu large et plus ovalaire, noir, à poils dorés plus ou moin couchés, élytres brunes, membrane ayant à la base un tache d'un rougeâtre pâle; tête, corselet et écusson trè ponctués, surtout la partie postérieure du dernier; élytre plus finement ponctuées, tarses roussâtres; endroit sablonneux. — *R. prætextatus*, 5 à 6 mill., glabre, bril lant, noir, fortement et densément ponctué; élytres d'u testacé pâle, avec une large bande noire apicale et de lignes ponctuées; membrane brune, pâle à la base; patte testacées, cuisses antérieures noires, les postérieures ayant parfois une tache brunâtre vers l'extrémité ; avec le précédent.

Stygnus. — Corps ovalaire oblong, mais plus court et plus convexe que chez les genres précédents ; tête en triangle court assez pointue, yeux assez saillants, corselet plus trapéziforme, non sinué sur les côtés, sans impression transversale ; dernier article des antennes très légèrement épaissi. — *S. rusticus*, 4 1/2 mill., fémurs, 1er et 4e articles des antennes d'un brun foncé, 2e et 3e brunâtres, leur extrémité et tarses jaunâtres, rostre d'un jaune brunâtre, élytres brunes ou noirâtres avec une ligne médiane et la moitié externe, plus claire, quelquefois d'un brun marron avec une ligne plus claire ; toute la France. — *S. sabulosus*, 2 à 3 mill., pattes, lobe frontal, rostre et les trois premiers articles des antennes entièrement jaunes, dernier article brun ; corps à pubescence jaune un peu hérissée, élytres d'un jaune brunâtre, plus claires à la base, avec une ligne médiane jaune ; base des nervures et une tache oblongue plus claires ; toute la France, endroits sablonneux. — *S. arenarius*, 3 mill., fémurs d'un brun noir ainsi que les 1er et 4e articles des antennes, le 3e entièrement d'un jaune roux, le 4e en dessus, base et extrémité des cuisses d'un jaune brun ; jambes brunes, plus claires vers l'extrémité ; rostre et tarses jaunes, élytres brunes avec une ligne claire sur la base et à la suture, corps à pubescence courte et couchée ; toute la France. — *S. rufipes*, 4 mill., ovalaire, d'un noir peu brillant, fortement ponctué ; pattes roussâtres ainsi que les 2e et 3e articles des antennes, élytres jaunâtres, ponctuées de brun, une grande tache brune à l'angle postérieur de la corie, membrane blanchâtre, maculée de noirâtre, de grandeur variable; toute la France, commun.

Peritrechus. — Forme des précédents, mais tête plus pointue; corselet un peu lamellé sur les côtés à la base qui est très faiblement sinuée, pas d'impression transversale, écusson plus long, plus aigu; bord des élytres assez tranchant, pattes assez grandes, cuisses antérieures assez épaisses. Celles-ci ont une dent à peine distincte chez le *P. luniger*, 5 mill., d'un brun roux, à pubescence dorée très courte; tête noire, corselet noir en avant, côtés pâles au milieu, écusson noir, élytres d'un roux pâle, ponctuées de noir; corie variée de noir et de blanc, l'angle apical noir; membrane noire, une tache ronde à la base; l'extrémité et une tache de chaque côté au-dessous de l'extrémité de la corie, blanchâtres; nervures pâles; toute la France. — Les cuisses antérieures sont bidentées et les antennes velues chez le *P. nubilus*, 5 mill., d'un gris brunâtre; tête noire, rugueusement ponctuée; corselet noir en avant, écusson noir, avec deux traits jaunâtres à l'extrémité; élytres d'un gris roux foncé, à lignes de points noirs, tachetées irrégulièrement de brun; membrane blanchâtre variée de brun, extrémité des cuisses, jambes antérieures, extrémité des postérieures et 1er article des tarses d'un jaune testacé; toute la France.

Drymus. — Corps ovalaire, un peu oblong; tête moins large que le bord antérieur du corselet, assez pointue; yeux assez saillants, corselet transversal, s'élargissant en arrière après le sillon transversal bien marqué, presque parallèle en avant; corie grande, arquée sur les bords; cuisses antérieures à peine épaissies, abdomen épais, très convexe. — *D. sylvaticus*, 4 à 5 mill., noir, fortement ponctué, écusson ayant une forte impression au milieu, élytres d'un brun roux, à nervures foncées, la première blanchâtre à la base; bord externe pâle, membrane d'un brunâtre pâle; très commun partout. — *D. brunneus*, 5 1/2 mill., distinct par sa couleur plus rousse, le corselet plus allongé, plus dilaté en avant, plus fortement sinué sur les côtés, élytres plus élargies en arrière, d'un roux ferrugineux obscur avec une tache pâle sur le disque; moins commun. — *D. pilicornis*, 3 1/2 mill. à 4 1/2 mill., noir, brillant, fortement ponctué; corselet roux sur les côtés, corie roussâtre avec le disque et le bord postérieur plus obscurs, antennes et pattes longuement poilues; distinct des autres espèces par le ventre lisse et très brillant, au lieu d'être mat et finement pubescent; France orientale, Pyrénées; rare.

Scolopostethus. — Forme des *Pachymerus*, corselet un peu élargi à la base, étroitement marginé, impression transversale profonde; élytres à bords tranchants, antennes grandes, cuisses antérieures assez épaisses, plus longues que les autres, coloration assez variée. Chez les uns, le 1er article des antennes dépasse le sommet de la tête à peine de moitié, la tête est plus courte, plus obtuse, la taille est plus petite. *S. pictus*, 4 1/2 mill., noir, corselet bordé de jaunâtre, ponctué de brun à la base; élytres jaunes avec deux taches discoïdales et l'extrémité brunâtres, membrane entière, blanchâtre, à nervures brunes; pattes et rostre jaunâtres, cuisses annelées de brun, antennes entièrement testacées; toute la France. — *S. affinis*, 3 1/2 mill. à 4 mill., noir, corselet bordé de roux sur les côtés et en arrière, maculé de brun à la base; antennes ayant les deux premiers articles jaunâtres, élytres d'un jaune roux à la base, arquées à l'extrémité, avec quelques taches brunes au milieu; cuisses antérieures noirâtres au milieu, jambes antérieures denticulées vers l'extrémité; commun partout. — *S. decoratus*, 3 1/2 mill. à 4 mill., noir, corselet jaune sur les côtés, roux à la base, avec les angles postérieurs noirs, et une très fine ligne médiane blanche; antennes noires, 2e article étroitement roux à la base; élytres jaunâtres avec le tiers postérieur brun ainsi que deux petites taches au milieu, membrane blanchâtre à nervures brunes; commun partout. — *S. adjunctus*, 3 1/2 mill. à 4 mill., ressemble extrêmement au précédent, en diffère par les antennes noires avec les premiers articles jaunâtres et par les élytres plus pâles; rare partout.

Chez les autres, **Eremocoris**, le 1er article des antennes dépasse l'extrémité de la tête de plus de moitié, la tête est plus longue, plus pointue. — *E. plebejus*, 5 1/2 à 7 mill., noir avec les côtés et le bord postérieur du corselet d'un brun rougeâtre; élytres d'un brun roussâtre uniforme, avec une tache médiane et l'extrémité de la nervure interne, noires; membrane enfumée avec une tache blanchâtre semi-lunaire à l'angle basilaire interne, et une autre, parfois effacée, à l'angle postérieur; bords de l'abdomen noirs; toute la France. *E. erraticus*, 5 1/2 à 7 mill., corselet noir, roussâtre en arrière, avec les côtés blanchâtres; élytres d'un brun rougeâtre, souvent tachées de brun avec la moitié basilaire blanchâtre, une tache discoïdale noirâtre, et parfois un point blanc au bord externe; membrane enfumée avec une grande tache triangulaire à la base externe et une tache oblongüe postérieure blanches; bords de l'abdomen roux; toute la France.

Gastrodes. — Corps ovalaire, très déprimé, atténué en avant; tête assez petite, triangulaire, pointue; yeux assez petits, saillants; corselet en trapèze, très rétréci en avant, assez fortement impressionné en travers; angles antérieurs nuls, les postérieurs arrondis; côtés de la corie tranchants à la base, cuisses antérieures plus grandes que les autres, très épaisses. *G. abietis*, 7 à 7 1/2 mill., antennes noires avec le 1er article d'un brun rougeâtre, élytres brunes avec une tache transversale et une ligne suturale noires, membrane enfumée avec l'angle basilaire et une bande courte, blancs; ♂ les cuisses antérieures sinuées vers la base, unidentées, jambes obtusément angulées au milieu; toute la France, commun sur les conifères. — *G. ferrugineus*, 7 1/2 mill., antennes d'un brun rougeâtre, élytres d'un brun uniforme, membrane d'un brun jaunâtre avec quelques nervures jaunâtres; les cuisses antérieures larges, non sinuées, ayant une forte dent au milieu et une autre près de l'extrémité; jambes droites, arquées seulement à la base; Paris, Vosges, Aube, plus rare.

7e Tribu. — Pyrrhocoriens.

Un seul genre à coloration rouge et noire.

Les **Pyrrhocoris**, ressemblent extrêmement aux *Lygæus*, dont ils se distinguent nettement par le manque d'ocelles; le corps est plus plat, le 1er article des antennes est plus long, égal au 2e, et dépasse de beaucoup la pointe de la tête; les côtés du corselet sont tranchants, et le sillon transversal est plus marqué; les pattes sont plus courtes. La coloration est analogue, et se compose exclusivement de rouge et de noir; la membrane manque souvent aux élytres. *P. apterus*, **10** mill., noir, côtés du corselet et élytres, sauf une large bordure près de l'écusson, rouges; un gros point noir au milieu de chaque élytre et un très petit à la base; antennes et pattes noires; côtés de l'abdomen, un anneau du dernier segment, hanches et une bande de chaque côté de la poitrine, rouges; élytres très rarement munies d'une membrane; très commun partout, connu sous le nom de *suisse*, de *cherche-midi;* vit en sociétés, parfois très nombreuses, sur le bas des troncs des tilleuls surtout, et toujours du côté du soleil; ces insectes n'exhalent aucune mauvaise odeur; ils passent l'hiver sous les écorces et sous les pierres. — *P. ægyptius*, 8 mill., même forme et même coloration, mais un seul point noir sur la corie, et milieu de l'abdomen rouge dans toute sa longueur; la membrane est noire et existe presque constamment; France méridionale.

FAMILLE DES PHYMATIDES

Un seul genre représente cette famille en France. Elle est caractérisée par la forme des pattes antérieures qui peuvent saisir une proie, ayant les hanches allongées, les cuisses robustes, renflées, creusées en dessous pour recevoir les jambes; le dernier article des antennes est renflé en massue. Ce dernier caractère est à remarquer, car les Hémiptères carnassiers ont le dernier article des antennes en forme de soie fine, et les Phymatides vivent essentiellement de proie.

Le G. **Phymata** présente un faciès assez singulier; la tête est fendue et biépineuse, fortement creusée en dessous pour recevoir le rostre avec les bords de ce sillon fortement lamellés; les yeux sont saillants, les ocelles situés derrière les yeux et au dessus; le corselet est grand, dilaté latéralement, l'écusson est très court; les élytres sont aussi longues que l'abdomen avec la membrane beaucoup plus grande que la corie; l'abdomen a les côtés membraneux, rhomboïdaux assez relevés. *P. crassipes*, 6 à 7 mill., d'un brun roussâtre, avec une bordure blanchâtre ou jaunâtre pâle, à la base de l'expansion abdominale, dont la partie postérieure est plus claire que l'antérieure; dessous des pattes d'un roux assez clair; assez commun dans les bois. — *P. monstrosa*, à peine plus petite, mais plus noire que la précédente, tous les angles plus aigus et plus épineux, moitié postérieure du dos de l'abdomen et du connectivum blanchâtre; France méridionale.

FAMILLE DES TINGIDIDES

Cette famille est une des plus curieuses par la forme élégante des insectes qui la composent et qui sont d'une taille assez petite. Leurs élytres sont homogènes, et la partie composant la membrane n'est pas distincte ; leur tissu, parfois très transparent, est composé d'un réseau de mailles plus ou moins serré, avec des nervures extrêmement saillantes en forme de carène ; les côtés du corps sont souvent dilatés en lames foliacées, et la tête est quelquefois munie de cornes ou d'épines; les antennes sont parfois assez épaisses. Les élytres présentent souvent un disque, un espace plan ou déprimé, limité par une ou deux côtes saillantes qui parfois se recourbent à l'extrémité pour se rejoindre, ou se prolongent après s'être réunies ; ces côtes sont rarement effacées. Parfois le corselet est renflé en casque ou en bulle et les élytres alors présentent des renflements analogues. Les Tingides vivent sur des plantes très variées : une espèce est bien connue pour le dommage qu'elle cause à certains arbres fruitiers.

A. Ecusson découvert. Joues prolongées en forme de cornes de chaque côté de l'épistôme. Des ocelles. Disque de la corie partagé en deux par une nervure longitudinale. . . . . ZOSMÉNIENS.

B. Ecusson recouvert par le prolongement du corselet. Joues non prolongées. Disque de la corie sans nervure longitudinale . . . . TINGIDIENS.

1re Tribu. — Zosméniens.

Un seul genre.

Zosmenus. — Tête large, courte, notablement prolongée entre les antennes; yeux petits, saillants. Antennes assez courtes, les deux premiers articles courts, épais, le 3e long et grêle; rostre très court. Corselet presque quadrangulaire, bord postérieur droit, bords latéraux légèrement sinués, angles arrondis, disque sans carène appréciable. Elytres ovalaires, couvrant tout l'abdomen, presque entièrement coriaces, terminées par une courte membrane, finement ponctuées avec deux ou trois nervures longitudinales. Abdomen aplati. Pattes courtes, grêles. *Z. capitatus*, 1 à 2 mill., d'un gris cendré, bords antérieurs et latéraux du corselet blanchâtres avec trois taches brunes près du bord antérieur, les deux latérales plus foncées; nervures des élytres brunes, écusson brun, pattes et antennes roussâtres, dernier article noir; toute la France, peu commun. — *Z. quadratus*, 3 mill., même forme et même coloration, mais bien plus grand, avec la tête pâle; l'écusson à pointe blanche et les côtés du corselet sont plus tranchants, anguleusement arrondis; toute la France.

2e Tribu. — Tingidiens.

I. Prolongement postérieur du corselet presque nul, tronqué. Tête à quatre épines. Élytres à bords tranchants. . . . . CANTACADER.

II. Prolongement du corselet en angle aigu. Tête courte.

A. Côtés du corselet membraneux ou tranchants.

a. Corselet et élytres d'une transparence vitrée, réticulés, leur disque souvent renflé ou vésiculeux, leurs côtés largement dilatés. Canal rostral fermé en avant. . . . . . . TINGIS.
b. Corselet et élytres non vitrés, leur disque rarement renflé en bulle.
* Dernier article des antennes inséré dans l'axe de l'avant-dernier.
α. Canal rostral ouvert en avant.
† Prolongement du corselet n'atteignant pas le milieu des élytres. Corps assez court, arrondi en arrière. Antennes grêles. . . . ORTHOSTIRA.
†† Prolongement atteignant le milieu des élytres. Corps oblong, non arrondi en arrière. Antennes épaisses . . . . DICTYONOTA.
β. Canal rostral fermé en avant. Antennes variables. . . . . MONANTHIA.
** Dernier article des antennes non inséré dans l'axe du précédent. Antennes épaisses, surtout aux deux derniers articles. . . . . EURYCERA.
B. Côtés du corselet à peine marginés. Elytres régulièrement convexes, sans carènes. SERENTHIA.

Cantacader. — Un seul insecte forme ce genre; il est remarquable par son corps déprimé, rétréci en avant, la tête allongée, à quatre épines avec les lames rostrales prolongées en avant, dépassant la tête et convergentes; les deux premiers articles des antennes sont très courts, le 3ᵉ très long et grêle; le bord externe des élytres, vu de côté, est double et formé par une rangée de cellules entre deux nervures. *C. quadricornis*, 4 1/2 mill., d'un jaune pâle, un peu piqueté de brun, corselet très rétréci d'arrière en avant, à côtés droits, fortement relevés, avec l'angle antérieur en pointe aiguë, cinq carènes dorsales; France méridionale, rare.

Tingis. — Bords latéraux du corps dilatés en lames foliacées, transparentes; tête offrant souvent cinq épines. Antennes assez fines, terminées un peu en massue; 1ᵉʳ article cylindrique, plus long que le 2ᵉ, celui-ci très petit, le 3ᵉ plus long que les autres réunis et grêle, le dernier très petit, globuleux. Rostre couché dans un sillon assez profond qui atteint l'extrémité du mésosternum. Corselet dilaté en folioles sur les côtés et parfois sur le disque, qui est renflé en avant au-dessus de la tête, bord postérieur prolongé en pointe sur l'écusson. Elytres et corie plus ou moins arrondies aux angles, foliacées sur les côtés qui dépassent de beaucoup l'abdomen, vésiculeuses sur leur disque, transparentes et finement réticulées comme le corselet; pattes assez courtes et assez grêles. Ces insectes vivent sur divers végétaux dont ils sucent la sève et quelques espèces déterminent ainsi des maladies ou des formations de galles apparentes. *T. pyri*, 3 mill., hyaline; tête et abdomen, noirs; élytres réticulées de brun avec deux bandes transversales brunâtres; bords latéraux du corselet fortement arrondis; au milieu une forte vésicule réticulée qui s'avance sur la tête et en arrière une carène tranchante, arrondie en dessus, également réticulée; trop commun parfois sur le dessous des feuilles des poiriers en espalier, et connu des jardiniers sous le nom de *tigre*; cet insecte, par sa multiplicité, dessèche les feuilles en suçant leur parenchyme et en détermine la chute. — *T. spinifrons*, 4 à 5 1/2 mill., transparent, avec le dessous et la base des cuisses antérieures bruns, réticulations latérales du corselet largement teintées de brunâtre; côtés du corselet presque en demi-cercle avec cinq grandes cellules, saillie antérieure conique, la médiane comprimée; élytres rhomboïdales, arrondies à l'extrémité; dans les endroits sablonneux, sur l'armoise, rare. — *T. maculata*, 3 1/2 mill., transparent, corselet à côtés fortement arrondis et prolongés en avant, carène médiane à peine épaissie en avant, élytres à angles huméraux bien marqués, la base coupée à peine obliquement, à réticulation assez large; parfois entièrement transparente, mais ayant, le plus souvent, une grande tache sur le disque de chaque élytre et des petites taches enfumées sur les nervures latérales du corselet et des élytres ; toute la France, plus commun dans les endroits sablonneux, sur les *Statice*, bruyères, etc. — *T. foliacea*, 4 mill., noire en dessous, mais dessus entièrement hyalin, teintée de fauve sur les parties épaisses et réticulé de roux; antennes d'un brun noir ainsi que le dos du corselet dont les côtés, en lame transparente arrondie, font un angle antérieur très saillant, la partie dorsale ayant trois carènes dont la médiane se relève en avant en capuchon relevé; les élytres sont coupées obliquement aux épaules, entièrement et également réticulées, y compris la membrane qui n'est pas distinctement séparée, côte externe relevé en lame saillante ; presque toute la France, peu commune.

Orthostira. — Corps ovale, plus ou moins court, arrondi en arrière, saillies antennaires courtes; 1er article des antennes court, épais ; le 2e petit, turbiné, court; le 3e cylindrique beaucoup plus long que les premiers réunis. Chaperon peu saillant, armé de deux pointes courtes, fortes. Corselet court, rhomboïdal. Élytres, quand elles sont complètes, à extrémités internes croisées, disque elliptique, à côte externe presque droite; quand elles sont incomplètes, suture postérieure droite, partie apicale de forme rhomboïdale. *O. macrophthalma*, 3 mill., d'un jaune grisâtre, réticulée de noir, avec la tête, les antennes et la partie épaisse du corselet, noires;

côtés du corps membraneux, transparents; corselet large, à peine échancré en avant, légèrement arrondi sur les côtés, ayant au milieu trois carènes pâles qui n'atteignent pas le bord antérieur; sous les mousses, parfois avec les fourmis, peu commune. — *O. parvula*, 2 mill., ovalaire, d'un jaune brunâtre, réticulée de noir; antennes assez grêles, d'un roussâtre obscur avec le dernier article noir; corselet rétréci en avant et échancré, ayant trois carènes, la médiane atteignant le bord antérieur; élytres ovalaires, à côté externe plus saillant, la partie discoïdale plus finement réticulée; sur les genêts, très répandue, mais peu commune. — *O. musci*, 3 mill., ovale, large, d'un testacé brunâtre; corselet n'ayant qu'une seule carène, angles antérieurs tantôt saillants, tantôt obtus; élytres ayant deux rangées de cellules sur les bords, espace discoïdal ayant cinq séries de petites cellules, bordé en dehors par une nervure droite un peu arquée; Alpes, Pyrénées, sous les mousses.

Dictyonota. — Corps oblong, largement marginé, antennes épaisses, rugueuses, 3e article aussi épais que le 4e, diffère des *Monanthia* par le canal rostral ouvert en avant. *D. crassicornis*, 3 mill., oblongue, noire; élytres d'un blanchâtre transparent, réticulées de brun; corselet à bordure très large en avant, pattes ferrugineuses, antennes assez longues, cylindriques, hérissées; tubercules antennifères aigus; toute la France. — *D. strichnocera*, 4 mill., oblongue, noire, jambes jaunâtres, côtés du corselet et élytres blanchâtres, réticulés de noir, bords transparents; antennes assez courtes et assez épaisses, noires; tubercules antennifères obtus; toute la France, sur le genêt à balais. — *D. albipennis*, 2 3/4 mill., en ovale court, noire, tête, antennes en-dessous du corps plus ou moins revêtus d'un enduit écailleux blanchâtre; jambes jaunâtres, bords du corselet et élytres d'un blanc jaunâtre à nervures noires ou jaunes; diffère de la précédente par les bords du corselet à deux séries de cellules et ceux des élytres à une seule; France méridionale, rare.

Monanthia. — Corps ovalaire, de forme et de sculpture variables, tantôt à bords latéraux élargis en lame, tantôt à bords étroits, tantôt presque uni sur le dos, tantôt renflé et presque vésiculeux ; les antennes sont également très variables ; se distingue des genres voisins par les lames rostrales fermées en avant.

Le disque du corselet présente presque toujours trois carènes dorsales ; les bords sont plus ou moins élargis, tranchants et arqués chez les espèces suivantes : *M. cardui*, 3 à 4 mill., d'un gris cendré légèrement roussâtre; antennes rousses avec la base et le dernier article noirs, dos du corselet un peu plus foncé, la carène médiane noirâtre en arrière, les latérales un peu arquées; élytres à linéoles noirâtres, courtes, transversales le long du bord externe, celle du milieu plus large, souvent une tache vague en dedans de la côte externe; toute la France, commune sur les carduacées. — *M. auriculata*, 3 mill., diffère de la précédente par les bords du corselet sinués fortement avant le milieu et élargis en avant, les carènes parallèles, les antennes rousses, à dernier article brun, le 3e deux fois et demie aussi long que le 4e; plus commun dans le Midi ; vit sur le *Stachys recta*. — *M. ciliata*, 4 1/2 mill., ovalaire, assez large, à peine plus étroite en avant, d'un fauve grisâtre pâle, réticulé de brunâtre, plus foncé sur les bords ; pattes et antennes hérissées, ces dernières roussâtres, à dernier article noirâtre ; corselet arrondi latéralement, bord des élytres et du corselet à triple rangée de cellules, dessous d'un brun noir ; presque toute la France, sur l'*Ajuga reptans*.

Les côtés du corselet sont seulement tranchants, plus étroits et presque droits chez les suivantes : *M. costata*, 5 mill., déprimée, ovalaire, atténuée en avant, fauve, roussâtre en avant ; pattes et antennes rousses, le dernier article noirâtre ; corselet rétréci en avant, avec les côtés légèrement sinués, tranchants ; carène médiane un peu effacée en avant, les latérales s'arrêtant à la dépression transversale ; élytres tranchantes et réticulées sur les bords latéraux qui forment presque une gouttière le long de la côte externe, qui est très saillante ; disque et membrane à réticulation ocellée ; dessous un peu brunâtre ; antennes épaisses ; presque toute la France, sur les *Chrysanthemum*. — *M. quadrimaculata*, 4 mill., oblongue elliptique, d'un fauve cannelle, avec la tête noirâtre ; sur chaque côté des élytres, deux taches oblongues, externes, hyalines, réticulées de fauve, l'une à la base, l'autre plus allongée vers l'extrémité ; le corselet a trois carènes fines, entières, avec deux petites taches noires en avant ; la surface est mate, finement ponctuée, réticulée ; la membrane est opaque et la réticulation paraît presque granuleuse ; France orientale, peu commune. — *M. Wolffi*, 3 1/2 mill., d'un fauve clair, avec la tête et le corselet (sauf les bords latéraux et antérieur et la partie apicale) noirs ; antennes rousses, avec la base et le dernier article, noirs ; pattes rousses, cuisses noires, corselet densément ponctué, ayant trois carènes fines, jaunes, la médiane entière, les latérales très courtes ;

élytres réticulées de brun, seulement le long du bord externe; la partie discoïdale à points ocellés, membrane réticulée de brun; toute la France; commune sur la vipérine. — *M. humuli*, 3 1/2 mill., d'un fauve un peu cendré, tête noirâtre, pattes et antennes rousses, leur dernier article noir; côtés du corselet renflés, très larges, presque spongieux; carène médiane entière, les latérales courtes, se terminant en avant dans un sillon et limitant la partie renflée latérale; élytres à linéoles brunes sur les bords, ponctuées, ocellées sur le disque, avec deux taches noirâtres sur la côte; membrane à nervures réticulées brunes; France septentrionale. — *M. versiculifera*, 3 1/2 mill., ovalaire, large, tête noire, corselet noir au milieu, fauve sur les côtés qui forment un bourrelet épais et aréolé; élytres fauves, réticulation brune par places, disque ayant deux renflements noirâtres, un vers le milieu, l'autre avant l'extrémité; dessous noir; toute la France, assez rare.

Enfin, le corselet n'a qu'une seule carène discoïdale chez la : *M. unicostata*, 2 1/2 mill., oblong, d'un fauve brunâtre, avec les antennes, les pattes et deux macules sur chaque élytre d'un fauve très pâle, une bande transversale noire sur le devant du corselet et une tache brune à l'extrémité; corselet rétréci en avant, angles latéraux bien marqués; corps densément et finement ponctué, élytres ponctuées de brun le long du bord externe, membrane ponctuée, réticulée; France méridionale, sur les peupliers.

Eurycera. — Corps oblong, déprimé; antennes ayant leurs deux derniers articles très gros, le dernier inséré à l'angle interne du précédent et non dans l'axe, ce qui, à première vue, fait croire à une anomalie; corselet pentagonal, très pointu en arrière, fortement caréné; élytres à corie pas plus grande que la membrane, nettement séparée de cette dernière par une nervure, la corie finement granuleuse, la membrane composée de nombreuses petites cellules; pattes assez robustes. *E. clavicornis*, 3 mill., d'un roussâtre plus ou moins foncé, parfois un peu cendré; tête et antennes noires, ces dernières finement velues; moitié antérieure du corselet plus ou moins brune, pattes verdâtres; assez commune partout, sur le *Teucrium chamœdrys*.

G. **Serenthia**. — Corps allongé, assez convexe, sans expansions latérales; tête assez grosse et convexe, yeux assez gros, médiocrement saillants; rostre court, ne dépassant qu'à peine les hanches antérieures; antennes courtes, ne dépassant pas la base du corselet, assez épaisses, surtout le 1er article; corselet n'ayant qu'une seule carène médiane, peu marquée, convexe transversalement au milieu, rétréci en avant, très pointu en arrière; élytres coriaces, homogènes, se recouvrant un peu à l'extrémité, formées d'un réseau extrêmement fin et serré, le plus souvent sans aucune nervure. *S. læta*, 1 1/2 à 2 1/4 mill., d'un noir médiocrement brillant; élytres d'un fauve grisâtre entièrement pâle, parfois presque blanchâtre, ainsi que la pointe apicale du corselet et une bordure étroite sur le devant; pattes rousses; assez rare partout, plus commune dans le Midi. — *S. atricapilla*, 3 1/2 mill., forme et coloration de la précédente, mais bien plus grande, avec les antennes épaisses, cylindriques, le devant du corselet pâle, sa partie postérieure à trois carènes bien marquées, et les élytres, au lieu d'être unies, ayant deux côtes distinctes; la ponctuation est aussi plus grosse, mais moins profonde; toute la France.

FAMILLE DES ARADIDES

Cette famille est bien caractérisée par le corps aplati, foliacé sur les côtés, par les élytres plus étroites et souvent plus courtes que l'abdomen; les yeux sont saillants transversalement, la tête forme une saillie entre les antennes qui sont plus ou moins épaisses jusqu'à l'extrémité, et elle est brusquement rétrécie à la base; le rostre repose dans un canal à bords épais ou non relevés. La forme du corps indique le genre de vie de ces insectes qui habitent exclusivement sous les écorces des arbres. Les ocelles ne sont pas visibles, les tarses sont composés de deux articles et les antennes de quatre.

Le G. **Aneurus** se distingue au premier coup d'œil par ses élytres entièrement membraneuses, sans corie distincte; le corps est assez allongé, la tête presque transversale, mais prolongée en avant avec une courte saillie derrière la base de chaque antenne; les antennes sont courtes, le premier article est gros, presque aussi long que la pointe antérieure; les yeux sont très petits, saillants; le rostre est court, mais il atteint les hanches antérieures; le corselet est en hexagone transversal, échancré en avant; l'écusson est presque en demi-cercle;

les élytres sont parcourues par trois ou quatre nervures longitudinales, l'abdomen déborde largement les côtés et l'extrémité des élytres, les pattes sont de grosseur médiocre, les cuisses un peu épaissise. *A. lævis*, 5 à 6 mill., d'un brun rougeâtre assez brillant, lisse; tête noire à la base, écusson obscur, base des élytres plus claire ainsi qu'une bande externe, tête rugueuse, ses angles postérieurs assez pointus; corselet ayant de chaque côté une impression transversale, surface finement ridée ainsi que l'écusson; commun partout sous les vieilles écorces de différents arbres.

Les **Aradus** ont l'abdomen plus aminci et plus foliacé sur les côtés que les *Aneurus*; en outre le rostre est plus long et atteint ordinairement le milieu du mésosternum; la tête est également prolongée entre les antennes dont le premier article est excessivement petit et n'arrive qu'à peine à moitié du prolongement antérieur; une forte épine derrière la base de chaque antenne; le corselet est transversal, le plus souvent très élargi et dilaté sur les bords latéraux, caréné en dessus, assez fortement sinué au bord postérieur dont les angles sont arrondis; l'écusson est en triangle allongé, les élytres sont élargies en dehors à la base et se rétrécissent ensuite jusqu'à l'extrémité; la corie est étroite et la membrane très développée, à nervures peu régulières; l'abdomen est ordinairement très large et déborde beaucoup les élytres, surtout latéralement; les pattes sont assez courtes et assez grêles. Chez les uns, les antennes sont courtes, épaisses : *A. cinnamomeus*, 3 1/2 mill., roux, avec l'abdomen un peu rougeâtre; antennes brunâtres vers l'extrémité, 3e article bien plus court que le 2e; tête armée au-devant de chaque œil d'une forte pointe aiguë, angulée en dehors; corselet très court, ayant sur la moitié postérieure seulement quatre carènes très faibles; élytres fortement arrondies en dehors à la base, notablement rétrécies en arrière, et quelquefois à membrane très étroite; abdomen fortement arrondi sur les côtés; presque toute la France. — Chez les suivants, les antennes sont moins courtes et plus grèles : *A. depressus*, 4 à 6 mill., d'un brun noirâtre avec une tache pâle aux angles antérieurs du corselet; élytres pâles avec l'extrémité variée de gris et de brun, les deux côtés presque noirs dans leur partie postérieure, membrane d'un brun foncé; corselet court, fortement rétréci en avant dans la moitié antérieure avec les angles externes formant une pointe obtuse, et quatre carènes sur le dos; écusson concave, membrane très grande, abdomen tacheté de brun et de roux; toute la France, commun sous les écorces de divers arbres. — *A. dilatatus*, 8 à 10 mill., d'un jaune brunâtre varié de brun; pattes brunes, aussi avec un anneau fauve; jambes avec deux anneaux, antennes assez grêles, deuxième article notablement plus long que le troisième; corselet à côtés fortement dilatés à angle droit vers le milieu, brusquement rétréci en avant, assez fortement denticulé sur les côtés en avant, moins en arrière, bord postérieur échancré à l'écusson, connectivum très large, à taches brunes; parties froides et montagneuses.

FAMILLE DES CAPSIDES

Cette famille se compose d'insectes à corps peu consistant, vivant parfois en familles nombreuses sur diverses plantes, les ombellifères notamment, où ils font la chasse à d'autres insectes plus petits. Leurs antennes sont très fines, surtout à l'extrémité, mais quelquefois le 2e article est renflé. Les ocelles manquent toujours. Les élytres présentent à l'extrémité de la corie une pièce triangulaire séparée par un pli transversal, à laquelle on donne le nom de *cuneus* et qui est ordinairement précédée d'une petite échancrure sur le bord externe. La membrane offre à sa base une nervure fortement arquée, formant une petite cellule ovalaire, près du *cuneus*, accompagnée d'une autre plus petite encore, et donnant quelquefois naissance à une autre nervure en crochet.

Les Capsides sont fort nombreux et leurs espèces sont souvent difficiles à distinguer. On les trouve surtout dans les prairies, mais aussi sur les buissons, les coudriers, saules, etc.

I. 1er article des tarses postérieurs deux ou trois fois aussi long que le 2e. Corps très allongé . . . . **Miris.**

II. 1er article des tarses postérieurs plus court ou seulement un peu plus long que le 2e. Corps oblong ou ovalaire.

A. Yeux touchant ou à peu près les bords du corselet.

a. Bord antérieur du corselet en anneau mince, plan.
* Tête convexe à la base, sans sillon ni bourrelet.
α. Rostre dépassant notablement les hanches postérieures. Corps assez allongé. . . . . . MIRIDIUS.
β. Rostre n'atteignant pas les hanches postérieures. Corps oblong ou ovalaire.
† Bords latéraux du corselet tranchants. Derniers articles des antennes presque aussi épais que le 2e. . . . . PANTILIUS.
†† Bords latéraux du corselet arrondis. Rostre ne dépassant pas les hanches postérieures.
○ 2e article des antennes cylindrique. Corps plus allongé et plus mou. . . . . PHYTOCORIS.
○○ 2e article des antennes épaissi vers l'extrémité. Corps plus ovalaire et plus consistant.
— Rostre grêle à la base. . . . . CAPSUS.
= Rostre épais à la base. . . . . RHOPALOTOMUS.
** Tête tronquée à la base, formant un pli transversal, tranché, entier ou interrompu. LYGUS.
b. Bord antérieur du corselet en anneau plus ou moins convexe. . . . . LOPUS.
α. Membrane sans nervure en crochet.
* Joues relevées en pli épais près des yeux. Membrane manquant souvent. . . . . . . HALTICUS.
** Joues non relevées. Elytres toujours complètes.
† 2e article des antennes épais, fusiforme ou comprimé. . . . . HETEROTOMA.
†† 2e article des antennes grêle. . . . . ORTHOTYLUS.
β. Membrane avec une nervure en crochet.
* Corselet trapézoïdal. 2e article des antennes plus épais que les suivants.
† Tête convexe à la base. Yeux ne débordant pas le corselet. . . . . PLAGIOGNATHUS.
†† Tête tronquée à la base. Yeux débordant le corselet. . . . . PILOPHORUS.
** Corselet en cloche. Tête convexe à la base. 2e article des antennes pas plus épais que les suivants. . . . . PHYLUS.
B. Yeux éloignés des bords du corselet,
a. Distance moins grande que le diamètre de l'œil. Tête ne formant pas de col.
* Corselet trapézoïdal. Corps épais. . . . . . GLOBICEPS.
** Corselet en cloche. Corps peu épais, allongé. CYLLOCORIS.
b. Distance aussi grande que le diamètre de l'œil. Tête formant un col large. . . . . . DICYPHUS.

Les **Miris** se distinguent par leur corps allongé,

déprimé en dessus, à fine pubescence et à coloration pâle, jaunâtre ou verdâtre; les antennes sont longues, finement velues, insérées en avant des yeux sur un tubercule plus ou moins saillant, le 1er article est épais, notablement plus long que la tête, le 2e grêle, cylindrique, le plus long de tous; les pattes sont longues, surtout les postérieures; le corselet est trapézoïdal ou en cône tronqué; son bord antérieur est uni et tranchant dans les espèces suivantes : *M. lævigatus*, 8 mill., entièrement vert ou jaunâtre, parfois trois lignes plus foncées sur le corselet; commun partout. — *M. holsatus*, 8 mill., même coloration avec la tête noirâtre en partie et deux bandes brunes sur le corselet, parfois très foncées en avant, ou réduites à une tache antérieure : avec le précédent. — *M. erraticus*, 6 mill., même coloration, avec la tête presque noire en avant, quatre lignes entièrement brunes sur le corselet, bas des antennes et écusson brunâtres, ou d'un brun foncé en dessus, avec les côtés du corselet et des élytres jaunâtres; commun. — *M. calcaratus*, 6 à 7 mill., d'un vert plus gai, quelques lignes un peu foncées sur le corselet; tête, partie antérieure du corselet, jambes, tarses et les trois derniers articles des antennes, roux; cuisses postérieures munies en dessous de deux épines, la plus longue vers l'extrémité; commun dans les prairies.

Chez les espèces suivantes, le bord antérieur du corselet est un peu épaissi ou rebordé par un sillon transversal : *M. ferrugatus*, 7 à 9 mill., noir; deux points sur la tête, trois bandes sur le corselet et milieu de l'écusson jaunes; élytres d'un rougeâtre obscur, plus foncé le long de l'écusson; membrane enfumée, pattes noirâtres mélangées de roux; toute la France. — *M. dolabratus*, 8 à 9 mill., même genre de coloration, mais moins rougeâtre, plus fauve ; tête noire avec deux bandes latérales et une ligne médiane fauves, ces dernières ponctuées de noir ; toute la France. — *M. carinatus*, 7 mill., moins allongé que les précédents, remarquable par les côtés du corselet foliacés, tranchants, la tête plus pointue et les élytres des ♀ elliptiques, plus courtes que l'abdomen, à membrane presque nulle ; couleur d'un brun noirâtre, avec deux bandes jaunes sur la tête ; les côtés du corselet et une carène médiane, pâles ; les élytres d'un brunâtre pâle avec les nervures fauves, les ♀ fauves avec une ligne plus foncée sur la tête et deux sur le corselet ; toute la France.

Le G. **Miridius** forme assez bien le passage entre les *Miris* et les *Phytocoris* ; il a comme les premiers, le corps très allongé avec des pattes et des antennes longues et grêles, mais le 1er article des tarses est bien plus court chez les *Phytocoris* ; le 1er article des antennes est épais, aussi long que le corselet, très cilié, et le rostre dépasse notablement les hanches postérieures. *M. quadrivirgatus*, 9 mill., longuement elliptique, d'un jaune pâle, souvent un peu grisâtre avec des bandes d'un roux brunâtre plus ou moins marquées ; membrane faiblement enfumée, base des antennes ciliée yeux assez petits et très écartés ; commun partout.

Le G. **Pantilius** ressemble beaucoup aux *Phytocoris*, mais il en diffère essentiellement par les antennes assez robustes, non effilées à l'extrémité, ayant le 2e article beaucoup plus long que les 3e et 4e réunis ; les yeux sont plus petits, plus ovalaires ; le corselet n'a pas de bourrelet en avant et ses côtés sont un peu carénés, les jambes postérieures sont moins grandes. *P. tunicatus*, 9 à

10 mill., oblong, un peu parallèle, d'un jaune très pâle, un peu grisâtre, teinté de verdâtre et de brun rougeâtre, finement tacheté de brunâtre, parfois plus rouge et presque marbré de brun; les derniers articles des antennes courts, presque aussi épais que le 2e; cuneus transparent comme la membrane, tous deuxun peu nébuleux, cette dernière teintée de brunâtre, dessous d'un jaune parfois un peu verdâtre; tête, antennes et pattes, rousses; sur les noisetiers, peu commun.

Les **Phytocoris** forment un genre nombreux renfermant les plus grands insectes de la famille après quelques *Capsus;* tous sont oblongs, un peu allongés, souvent ornés de couleurs vives, disposées par raies ou bandes longitudinales; la tête est triangulaire ou subpentagonale, avec les yeux saillants, ovales, un peu réniformes en dedans; les antennes sont grêles, longues, parfois avec les deux premiers articles un peu plus épais; le corselet est trapézoïdal, l'écusson grand, triangulaire; les pattes sont grèles, longues, surtout les postérieures; les jambes sont hérissées de quelques soies fines et les tarses sont très courts; presque tous sont communs dans les prairies, d'autres vivent sur quelques arbres. Leurs espèces sont nombreuses.

Un premier groupe renferme des insectes extrêmement fragiles, à corselet un peu sinué sur les côtés, à rostre grêle, atteignant le milieu du ventre, à 1er article des tarses postérieurs un peu plus court que le 2e, le 3e ayant à peu près la moitié du 2e; leurs antennes sont aussi plus fines, leurs pattes sont plus longues et se détachent au moindre attouchement. *P. populi*, 7 mill., d'un fauve très pâle, finement marbré de brun peu foncé, formant presque une tache à l'angle interne et à l'extrémité de la corie, une bande transversale vague à la base du corselet et deux anneaux peu marqués aux cuisses postérieures; les jambes postérieures sont aussi longues ou un peu plus longues que les ailes; peu commun. — *P. tiliæ*, 5 à 7 mill., d'un fauve pâle, un peu grisâtre, marbré de brun noir, formant une bordure autour du corselet, l'extrême bord postérieur blanchâtre, la partie antérieure à linéoles rousses; écusson avec une tache noire aux angles basilaires, avant l'extrémité deux lignes noires obliques, se réunissant au milieu, le reste marbré de brun rougeâtre; élytres marbrées de taches presque noires se réunissant avant l'extrémité de la corie pour border une tache fauve qui porte un point noir au bord interne, l'extrémité de la corie noire, membrane enfumée, pattes vermiculées de brun, antennes d'un brun noir, 1er article marbré, 2e à anneau pâle; sur les chênes, tilleuls. — *P. ulmi*, 6 à 8 mill., forme du précédent, un peu plus étroit, d'un roux brunâtre clair, teinté de brunâtre; cuneus un peu rougeâtre, cuisses marbrées, jambes plus claires à l'extrémité; commun sur des plantes très diverses.

Le 2e groupe (*Calocoris*) se compose d'insectes de consistance un peu moins fragile, à corselet droit sur les côtés, à rostre atteignant les hanches postérieures, à 1er article des tarses postérieurs un peu plus court que le 2e, le 3e étant de moitié ou des deux tiers plus long que le 2e; les antennes sont aussi un peu plus épaisses à la base et les cuisses postérieures sont un peu plus courtes. Chez les unes, les élytres sont unicolores ou tachées de noir : *P. bimaculatus*, 7 mill., oblong, elliptique, un peu convexe, noir, avec le corselet et les élytres d'un beau rouge une bande d'un jaune rougeâtre le long des yeux, une bande noire sur le devant du corselet et une tache noire au pli des élytres; membrane noirâtre; commun dans le midi, rare dans le centre. — *P. sexpunctatus*, 8 mill., noir, dessus rouge, deux taches sur le corselet, deux sur chaque élytre, base de l'écusson et tête noires; varie extrêmement, tantôt d'un jaune nankin avec la tête et la membrane seules noires, tantôt les taches noires du corselet se confondent ainsi que celles des élytres; parfois les élytres sont entièrement noires et le corselet presque entièrement jaune ou rouge, enfin quelquefois tout le corps est noir, sans la moindre tache; France méridionale, commun.

Chez les autres, les élytres sont fauves ou noirâtres, avec une tache rouge ou jaune pâle à l'extrémité de la corie. *P. chenopodii*, 7 à 9 mill., d'un fauve pâle, teinté de verdâtre pâle, avec une grande tache un peu plus pâle à l'extrémité de la corie; quelquefois deux ou quatre points noirs sur le corselet, parsemé en dessus de petits poils squamiformes fauves; très commun dans toutes les prairies. — *P. vandalicus*, 6 à 8 mill., fauve, une bande noire transversale avant le bord postérieur du corselet, une tache d'un jaune pâle à l'extrémité de la corie, bordée de rouge en dessus; pattes et antennes rougeâtres, 2ᵉ, 3ᵉ et 4ᵉ articles noirâtres à l'extrémité; cuisses postérieures parfois noirâtres à l'extrémité; sur les chênes; France orientale. — *P. seticornis*, 7 à 8 mill., noir, une ligne transversale au bord antérieur du corselet, et le plus souvent une longitudinale médiane, fauves; élytres d'un brun foncé, avec une bande marginale fauve, une tache rouge à l'extrémité, terminée par un point noir ; jambes fauves ; commun partout.

Enfin, chez d'autres, les élytres sont jaunes avec des lignes ou des bandes noires : *P. binotatus*, 6 mill., presque parallèle, d'un jaune paille ou roux, avec deux grandes taches noires sur le corselet, une grande tache noire sur les côtés de l'écusson ; élytres ayant chacune deux raies noires, un peu obliques, qui se réunissent parfois en une bande longitudinale ; toute la France. — *P. striatellus*, 7 à 9 mill., d'un jaune clair, parfois un peu rougeâtre, avec l'écusson et une grande tache à l'extrémité de la corie plus clairs ; corselet ayant à la base une bande transversale noire, interrompue au milieu et en avant par quatre points noirs oblongs ; élytres à lignes plus pâles, bordées de brun noir, cette couleur s'élargissant contre la tache apicale ; pattes rougeâtres ; toute la France.

Dans le 3e groupe, le 1er article des tarses postérieurs est égal au 2e. Chez les uns, le rostre atteint le 1er ou le 2e segment ventral (*Homodemus*) : *P. roseomaculatus*, 8 mill., d'un vert pâle, tête jaunâtre, antennes et pattes d'un verdâtre obscur, élytres ayant chacune trois taches oblongues ou bandes courtes rougeâtres, l'une le long de l'écusson, séparée en deux par une nervure claire, les deux autres à l'extrémité ; peu commun ; toute la France. — *P. marginellus*, 8 mill., noir, tête un peu tachée de rougeâtre près des yeux, corselet ayant le bord antérieur et trois bandes courtes jaunes, élytres d'un jaune fauve, parfois rougeâtres à l'extrémité, ayant chacune trois bandes noires un peu obliques, parfois confluentes ; membrane foncée, abdomen jaunâtre, parfois teinté de rougeâtre ; pattes rougeâtres, jambes et tarses parfois enfumés ; commun partout.

Chez les autres (*Pycnopterna*), le rostre n'atteint que l'extrémité du métasternum : *P. striatus*, 9 mill., allongé, noir, tête ayant une petite tache rousse près des yeux, corselet ayant au milieu une tache d'un jaune rougeâtre, parfois très grande ; écusson ayant souvent deux grandes taches jaunes, élytres d'un fauve brun ou noirâtres, avec les nervures étroitement d'un jaune pâle, extrémité rougeâtre bordée de noirâtre en dedans, bords des segments ventraux pâles, pattes rougeâtres; médiocrement commun. — *P. pulcher*, 10 mill., ressemble beaucoup au précédent, le corselet noir, avec une grande tache au milieu; l'écusson ayant deux traits jaunes, les élytres plus longues, plus rayées, et le 4e article des antennes pâle à sa base ; quelquefois le corselet et l'écusson sont d'un jaune rougeâtre, avec des dessins noirs; les pattes sont toujours d'un beau rouge, et quelquefois le 1er article des antennes; commun partout.

Enfin, dans un dernier groupe (*Brachycoleus*) où le 1er article des tarses est un peu plus court que le 2e, le rostre est très court, ne dépassant pas le milieu de la poitrine ; le corps est plus épais, plus ramassé, plus convexe ; les pattes sont moins longues, plus robustes, et la tête est plus perpendiculaire : *P. scriptus*, 7 mill., d'un jaune paille, tête ayant une tache noire médiane renfermant une petite tache jaune ; corselet à quatre bandes longitudinales noires, écusson bordé de noir, élytres ayant le bord interne noir ainsi que deux bandes, confluentes à la base, l'interne courte, l'autre atteignant le pli ; membrane un peu enfumée, pattes rougeâtres, tarses noirs; peu commun.

Les **Capsus** sont des insectes d'assez grande taille, de

forme oblongue ou ovalo-elliptique, assez convexe, avec la membrane assez fortement déclive ; ils sont remarquables par leurs antennes dont les deux premiers articles sont assez épais, le 2e atténué à la base, ce qui le fait paraître claviforme ; le 1er article des tarses est notablement plus long que le 2e ; le rostre ne dépasse pas le métasternum, et les 2e, 3e et 4e articles du rostre sont grêles. *C. Schach*, 6 mill., ovale, assez fortement ponctué, noir ; tête, écusson, sur chaque élytre, une grande tache externe, coudée en dedans, et une tache apicale, rouges ; jambes annelées de rouge et de noir, quelquefois entièrement noires ; France méridionale. — *C. trifasciatus*, 9 à 10 mill., oblong, ovalaire, faiblement atténué en avant, assez finement, mais très densément ponctué ; presque ruguleux, noir ; avec l'extrémité de la tête, deux taches occipitales, bordure externe du corselet, écusson, une grande tache lunulée partant de l'épaule et une autre un peu transversale avant l'extrémité sur chaque élytre, rouges, ainsi que les antennes, sauf l'extrémité ; parfois entièrement noir, avec les pattes et les antennes rougeâtres ; toute la France ; rare. — *C. laniarius*, 6 mill., oblong, ovalaire, d'un rougeâtre clair, assez brillant, densément, mais finement ponctué ; écusson souvent plus clair, extrémité de la corie un peu rougeâtre, avec la pointe noire ; base du corselet souvent noirâtre, membrane très enfumée, avec une tache claire à la base, en dehors ; antennes et pattes très variables ; parfois d'un brun noir, mais toujours avec l'extrémité de la corie rouge ; quelquefois avec la tête et le devant du corselet rougeâtres ; commun partout.

Le G. **Rhopalotomus** se distingue des *Capsus* par

le rostre épais à la base, le 2e article des antennes plus épais vers l'extrémité, les yeux touchant le corselet, la tête proportionnellement plus grosse et surtout plus large. *R. ater*, 6 mill., oblong ovalaire, faiblement élargi en arrière, densément et assez finement ponctué, noir, avec les pattes plus ou moins rougeâtres ; dans une variété constante, la tête, le corselet et les pattes sont d'un rouge un peu testacé ; assez commun partout.

Le G. **Lygus** renferme des insectes qui ressemblent à des *Capsus*, ils n'en diffèrent guère que par la tête qui présente à la base un pli transversal entier ou interrompu, ou pour mieux dire la tête est coupée perpendiculairement à la base d'une manière plus ou moins complète : le corps est ovalaire ou oblong, de consistance assez molle, et la coloration est assez variée ; les pattes et les antennes sont assez longues et grêles. Chez les uns, le rostre atteint le 2e ou 3e segment ventral : *L. pratensis*, 6 à 7 mill., oblong ovalaire, d'un jaune ou d'un jaunâtre assez brillant, élytres teintées de rouge après le milieu, avec une tache brunâtre avant le *cuneus* et un point brun au bout, corselet tantôt unicolore, tantôt varié de brun, deux taches ou deux bandes au milieu et une tache sur les côtés ; écusson d'un jaune pâle, ayant à la base une petite tache brunâtre triangulaire noire qui lui donne la forme d'un cœur ; très commun partout, en été et en automne ; ressemble au *Capsus laniarius*. — *L. campestris*, même taille et même forme, d'un jaunâtre un peu verdâtre, pubescent, écusson un peu plus clair, pattes un peu plus foncées, partie postérieure du corselet plus sombre ; commun partout. — Chez d'autres, le rostre atteint seulement l'extrémité du mésosternum : *L. pasti-*

nacæ, 4 à 4 1/2 mill., oblong, d'un jaune grisâtre très clair, un peu verdâtre surtout au milieu des élytres, brillant, une tache vaguement brunâtre à l'extrémité de la corie, très variable d'intensité ; membrane à peine enfumée, pattes d'un roussâtre pâle, antennes obscures avec la base roussâtre ; commun partout, sur les panais, anis et autres ombellifères. — *L. tripustulatus*, 4 mill., ovalaire, d'un noir brillant ; tête, partie antérieure du corselet se prolongeant étroitement dans le milieu, écusson, trois taches sur la corie (la médiane transversale) ; antennes et pattes d'un jaune clair, ces dernières finement ponctuées et annelées de noir ; antennes à 2e article noirâtre, les suivants noirâtres à l'extrémité ; corselet et écusson lisses, élytres finement ponctuées ; commun partout sur les ombellifères. — Enfin chez d'autres le rostre ne dépasse pas le milieu du métasternum : *L. unifasciatus*, 6 1/2 mill., oblong, noir ou d'un brun noir assez brillanté, à fine pubescence squamuleuse s'enlevant facilement, élytres ayant une tache longue huméro-marginale et une autre transversale avant le cunéus, jaunes ; cunéus noir, avec la base rouge et un point apical jaune ; membrane très enfumée, antennes, genoux, jambes et tarses d'un roussâtre obscur ; toute la France, commun sur les saules, les osiers, etc.

Le G. **Lopus**, ressemble extrêmement aux *Phytocoris* dont il diffère par le corselet dont la partie antérieure forme un bourrelet séparé par un assez fort sillon transversal ; la tête est plus courte, plus obtuse, les yeux sont plus saillants. *L. albomarginatus*, 6 mill., oblong, d'un brun noirâtre ou violacé, trois bandes sur la tête et le corselet, une médiane sur l'écusson, une bande marginale et une interne sur les élytres d'un blanc un peu jaunâtre, extrémité de la corie rousse, membrane enfumée, antennes hérissées de soies; commun dans le sud-ouest. — *L. gothicus*, 6 mill., parallèle, d'un brun noir, deux petites taches sur la tête, une étroite bordure externe au corselet, une grande tache sur l'écusson et extrémité de la corie d'un rouge un peu orange, bord externe de la corie d'un blanc jaune pâle; toute la France. — *L. sulcatus*, 5 mill., ressemble entièrement au précédent, à peine plus court, plus petit, plus pubescent, dessus semblable, mais taches et bandes plus pâles, parfois presque blanchâtres et écusson entièrement d'un jaune pâle; France méridionale.

Les **Halticus** sont des insectes à corps ovale très court, élargi en arrière, assez convexe, à cuisses postérieures épaisses et qui sautent très facilement; leur tête est très transversale, tronquée derrière les yeux qui sont saillants, très obtusément triangulaire en avant; à antennes et à pattes très fines, très fragiles; à jambes postérieures très longues; la membrane manque dans plusieurs espèces et les élytres paraissent alors presque tronquées. Ces insectes sont très agiles et sautent très facilement. *H. luteicollis*, 2 1/2 à 3 mil., d'un brun noir luisant; tête, corselet et pattes, fauves; le corselet souvent brun en arrière, très rétréci en avant, angles antérieurs très marqués, bord postérieur coupé très obliquement de chaque côté avant les angles; commun partout. — *H. apterus*, 2 mill., court, d'un noir brillant; antennes, genoux, jambes et tarses d'un jaune très pâle; élytres tronquées obliquement; pas de membrane, ailes rudimentaires; presque toute la France, plus commun dans le Midi. — *H. nitidus*, 3 mill., plus grand, plus convexe, pattes plus fortes, entièrement d'un noir foncé, brillant, assez fortement et densément ponctué; tête plus large avec les yeux plus saillants; Hautes-Alpes.

Le G. **Heterotoma** ne renferme qu'une espèce, fort remarquable par l'épaississement des articles des antennes ; le 3e est beaucoup plus long que les autres, pubescent, assez comprimé, les deux derniers articles sont au contraire très fins et courts; le corps est allongé, les pattes sont assez grêles. *H. merioptera*, 4 1/2 mill., allongé, également atténué en avant et en arrière, d'un brun noir brillant, à pubescence fauve; pattes d'un fauve clair; toute la France, commun sur diverses plantes, notamment les orties.

Le G. **Orthotylus** renferme des insectes à corps oblong, un peu elliptique, assez déprimé, de consistance très molle; à tête convexe, un peu pointue, mais arquée longitudinalement; les yeux sont assez écartés, assez saillants; les antennes sont très fines, le 2e article beaucoup plus long que les 3e et 4e réunis; le corselet est trapézoïdal, à angles un peu saillants; les élytres sont étroitement marginées en dehors, le rostre atteint ou dépasse un peu les hanches postérieures. *O. nassatus*, 7 mill., d'un vert clair avec les antennes, les pattes, souvent la tête et le devant du corselet, roussâtres; corselet un peu convexe, faiblement impressionné près des angles postérieurs; sur les noisetiers. — *O. chloropterus*, 5 mill., d'un vert gai; corselet sans impression près des angles, membrane noirâtre, un peu irisée; jambes et dernier article des tarses noirâtres à l'extrémité; Vosges, Provence. — *O. tenellus*, 5 mill., d'un jaune blanchâtre très pâle, transparent; yeux gros, bruns, très brillants; corselet convexe, à angles marqués; membrane presque incolore irisée, le cuneus presque confondu avec elle; peu commun.

Le G. **Plagiognathus** a le corps oblong, même assez allongé et rappelle alors celui des *Phylus*, mais la tête est proportionnellement moins petite; la tête est courte, inclinée en avant, pointue, avec de gros yeux; les antennes sont moins grêles, les premiers articles sont plus épais, le 1er est moins long que la largeur de la tête; le corselet est en trapèze, très rétréci en avant, avec les côtés droits; pattes postérieures assez grandes, avec les cuisses comprimées. *P. arbustorum*, 4 mill., noir ou d'un brun noir, assez brillant, couvert d'une fine pubescence squamuleuse roussâtre, qui s'enlève très facilement; pattes d'un fauve brunâtre, piquetées de noirâtre; membrane noirâtre, irisée, ayant à la base une tache pâle; écusson ayant à la base un fort sillon transversal; passe du noir au brun, au vert olive; toute la France, commun sur les buissons et les orties. — *P. viridulus*, 4 mill., plus allongé, entièrement verdâtre ou d'un gris verdâtre; membrane enfumée avec une tache claire, pattes piquetées de brun. 1er article des antennes brun à la base; presque toute la France, assez commun.

Le G. **Pilophorus** a le corps oblong, assez épais et un peu convexe, une large tête, les yeux débordant le corselet, saillants, les antennes fines, à 2e article un peu épaissi, le corselet en trapèze plus ou moins rétréci en avant, les élytres faiblement élargies en arrière, la membrane inclinée obliquement en arrière; les pattes postérieures sont assez grandes et assez grêles, le rostre n'atteint pas tout à fait les hanches postérieures. Ces insectes ressemblent aux *Globiceps*, mais le corselet est plus convexe, n'a pas les angles antérieurs aussi saillants, et la membrane présente une nervure en crochet. *P. clavatus*, 4 mill., noir, à faible reflet bronzé, écusson avec deux petites lignes à la base et une tache à l'extrémité d'un blanc soyeux; élytres d'un roux rougeâtre, avec deux lignes transversales d'un blanc soyeux assez fugaces; membrane un peu enfumée avec une grande tache noirâtre arrondie, pattes rousses; assez commun sur les chênes, les aulnes. — *P. cinnamopterus*, même taille et même coloration, élytres plus foncées, avec la base d'un jaune grisâtre, corselet presque carré, les angles postérieurs saillant brusquement en dehors; 1re ligne transversale de la corie plus éloignée de la base, pattes brunes, extrémité des jambes et tarses d'un jaunâtre pâle; avec le précédent.

Les **Phylus** ont le corps allongé, assez parallèle et un peu déprimé, de consistance très délicate, à pattes et antennes fines, assez longues, le 2e article aussi long que les 3e et 4e réunis; la tête est petite, assez courte, mais assez convexe et pointue en avant; le corselet est en trapèze, très rétréci en avant; le rostre est long et atteint le milieu de l'abdomen; ils paraissent affectionner les noisetiers, et un peu moins les chênes. *P. avellanæ*, 5 mill., tête, corselet et écusson, bruns; élytres d'un rougeâtre obscur ou brunâtre, cunéus presque rouge, membrane noirâtre avec une petite tache à la base, antennes et pattes d'un blanc jaunâtre. — *P. coryli*, même forme et même taille, noir ou d'un brun noir, y compris le cunéus; pattes et antennes très pâles; avec le précédent.

— *P. menlaocephalus*, même forme et même taille, d'un beau jaune orange, pattes et antennes un peu plus claires; tête noire, membrane enfumée, parfois d'un jaunâtre pâle ou gris; sur les chênes, moins commun.

Le G. **Globiceps** renferme un petit nombre d'insectes reconnaissables à leur corps assez étroit, leur tête transversale, mais obtusément angulée en avant, avec des yeux assez grands, saillants, ne touchant pas le corselet; le corselet est en cône tronqué, très rétréci en avant, bituberculé au bord antérieur; les pattes et les antennes sont grêles, le 2e article de ces dernières est légèrement épaissi vers l'extrémité. *G. sphegiformis*, 5 mill., allongé, d'un noir soyeux, presque mat, un peu plus brillant sur le corselet, deux petites bandes transversales sur chaque élytre d'un blanc soyeux, pattes fauves; peu commun. — *G. flavonotatus*, 5 à 6 mill., plus grand, plus parallèle, d'un brun noirâtre, deux grandes taches sur chaque élytre, l'une humérale, allongée, l'autre anté-apicale d'un jaune fauve assez pâle; pattes rousses, antennes brunes, 1er article fauve; plus commun.

Le G. **Cylloeoris** a le corps très allongé, presque parallèle, assez épais; la tête est transversale, obtuse, les yeux assez gros, les antennes et les pattes longues, assez grêles; le corselet est trapézoïdal, très rétréci en avant; avec les côtés sinués assez fortement; l'écusson est assez court relativement à la longueur du corps. *C. histrionicus*, 5 à 6 mill., d'un noir brillant; corselet finement marginé de jaune aux bords antérieur et postérieur, écusson d'un jaune soufre avec la base noire, élytres rougeâtres avec une bande oblique pâle, parfois presque entièrement brune; extrémité de la corie d'un jaune pâle teintée de brun, membrane très enfumée, pattes fauves, antennes brunes, les deux premiers articles roux; toute la France.

Les **Dicyphus** sont des insectes à corps grêle et délicat; leur tête est courte en avant, presque tronquée, formant un col large à la base; le corselet est trapézoïdal, rétréci en avant; les élytres sont transparentes comme la membrane, les pattes sont assez longues et grêles comme les antennes, les yeux sont assez gros, tout à fait latéraux et éloignés du corselet. *D. errans*, 4 mill., d'un fauve grisâtre très pâle; tête, corselet et antennes ordinairement bruns; corie et pattes très finement ponctuées de brun, un petit point brun au bout de la corie, et un autre plus gros sur la membrane au milieu du bord externe; peu commun. — *D. globuliferus*, 5 mill., plus grand, coloration semblable; corselet fortement sinué sur les côtés, ce qui le fait paraître plus rétréci en avant; assez commun partout.

FAMILLE DES CIMICIDES

Un seul genre, trop connu malheureusement, représente cette famille qui a pour type la punaise des lits. C'est le g. **Cimex**, qui est caractérisé par un corps très aplati, presque arrondi, finement cilié; les yeux ronds, très saillants; les antennes assez longues, très mobiles, fines, velues, les deux derniers articles sétiformes; le rostre ne dépassant pas l'insertion des pattes antérieures, le corselet large, fortement lobé sur les côtés, et fortement échancré pour recevoir la tête; l'écusson large, triangulaire; les élytres, rudimentaires, ne recouvrant pas d'ailes, et l'abdomen plat, beaucoup plus large que le corselet. La punaise des lits (*Cimex lectularius*) est probablement originaire de l'Asie; cependant Aristote et Pline semblent la désigner nettement. Dans le nord de l'Europe elle est moins répandue que dans le midi, et son apparition en Angleterre n'est signalée qu'au commencement du XVIe siècle. Les punaises peuvent vivre très longtemps sans prendre de nourriture, au moins un an, d'après une observation de L. Dufour; aussi en voit-on souvent sortir des fentes des boiseries avec l'abdomen vide et transparent. Elles ne se nourrissent que du sang de l'homme vivant, et encore faut-il qu'elles le pompent elles-mêmes, car si vous leur donnez soit de la viande, soit même du sang humain, elles n'y touchent pas. Leur instinct les fait venir souvent de très loin pour trouver leur proie, et les émanations du corps humain les dirigent sûrement vers le but. Elles marchent d'ailleurs fort bien, mais la nuit seulement; le jour elles paraissent engourdies et cherchent à se cacher. Elles hivernent dès les premiers froids et pendant trois ou quatre mois; elles cessent alors de prendre de l'accroissement et au premier printemps on en voit sortir de toute taille et de tout âge qui se remettent avec ardeur à chercher leur nourriture. Les femelles pondent de quatre à quatorze œufs, assez gros, puisqu'ils ont un millimètre de longueur; ils ont la forme d'un cylindre légèrement arqué. La petite punaise sort en poussant un opercule qui est situé au plus petit bout de l'œuf; dans les grandes chaleurs cinq jours suffisent pour l'éclosion. L'insecte est alors blanc ou d'un blanc jaunâtre, les yeux seulement tranchent par leur teinte d'un roux vif; à l'extrémité de l'abdomen on voit un point brun; il est aussi vif au sortir de l'œuf que les individus adultes les plus alertes, et il peut aussitôt pourvoir à sa nourriture.

Une autre punaise se trouve fréquemment dans les nids des hirondelles et paraît constituer une espèce distincte, *C. hirundinis*; celle qui infeste souvent les pigeonniers semble aussi différer de l'espèce domestique (*C. columbarius*); enfin une troisième espèce vit sur les chauve-souris (*C. pipistrellæ*).

Dans cette famille se rangent deux genres formant un groupe à part, caractérisé également par le rostre de trois articles, mais distinct par la présence d'ocelles sur le front et le développement des élytres ainsi que des ailes. Ce sont des insectes de taille assez petite, de coloration peu variée, ayant une seule nervure sur la membrane, vivant les uns sur les fleurs, les autres sous les écorces, dans les fagots, dans les détritus végétaux où ils font la chasse à d'autres insectes plus petits.

Les **Anthocoris** ont le corps oblong, peu convexe, la tête prolongée entre les antennes en pointe obtuse, mais assez saillante; les antennes sont d'égale épaisseur jusqu'à l'extrémité, les yeux assez gros et saillants; le corselet est trapézoïdal, aussi large à la base que les élytres, fortement rétréci vers la tête qui est petite; l'écusson est très grand, le corps assez déprimé. *A. nemo-*

rum, 4 mill., d'un brun noir assez brillant, élytres d'un roux plus ou moins foncé, avec l'extrémité brune et souvent une tache brune vers la suture, membrane brune avec trois grandes taches pâles, ou pâle avec une teinte brune au milieu, jambes et base du 3e article des antennes roussâtres; commun partout. — *A. vittatus*, un peu moins grand, d'un brun noir presque mat; élytres d'un brun roussâtre, nuancées de brun foncé, membrane faiblement roussâtre, dessus du corps finement et densément ponctué, pattes rousses avec les cuisses brunes; presque toute la France. — *A. niger*, 1 3/4 mill., d'un noir brillant; élytres d'un brun foncé, membrane très pâle, irisée, antennes et pattes antérieures d'un fauve assez pâle; dessus du corps ponctué, corselet ayant une impression transversale ; moins commun.

Les **Xylocoris** ont au contraire les deux derniers des antennes plus minces que le précédent, sétacés ; le prolongement de la tête est aussi un peu plus court, plus trouqué, mais la forme est la même.—*X. ater*, 1 2/3 mill., oblong, presque parallèle, déprimé, d'un brun noir brillant; élytres plus brunâtres, membrane hyaline, cuisses antérieures un peu épaisses, corselet ayant au milieu un petit sillon très court ; peu commun. — *X. rufescens*, 2 mill., entièrement d'un roux assez brillant, les élytres un peu plus mates et plus obscures, ayant en dehors une bande longitudinale plus foncée, mal limitée, membrane presque hyaline, les deux derniers articles des antennes brunâtres, écusson ayant une forte impression transversale ; France méridionale. — *X. pulchellus*, 4 mill., noir, élytres fauves, brunâtres vers l'extrémité, finement et assez densément ponctué, membrane d'un roussâtre très pâle, prolongement de la tête sillonné en dessus, pattes rousses; commun.

Un autre genre, voisin des *Xylocoris*, est bien curieux par la forme différente que présentent les deux sexes, c'est le G. **Microphysa**. Les ♂ ont le corps allongé, pourvu d'élytres avec membrane et d'ailes; mais les ♀ ont le corps court, élargi en arrière, avec des élytres très courtes, sans membrane, tronquées à l'extrémité, ne dépassant guère le milieu de l'abdomen, et ne recouvrant pas d'aile; dans les deux sexes la tête est un peu prolongée entre les antennes, dont les derniers articles ne sont pas plus fins que le 3e. *M. pselaphiformis*, ♂ 2 mill., allongé, brun, élytres d'un fauve presque transparent, avec la base interne et le bord externe brunâtres, membrane longue, dépassant beaucoup l'abdomen, irisée, corselet ayant en avant une forte impression transversale; ♀ 1 1/2 mill., d'un brun roussâtre, mat, finement ponctuée, abdomen presque noir; toute la France, dans les vieux fagots.

FAMILLE DES RÉDUVIDES

Cette famille renferme les Hémiptères essentiellement carnassiers et peut être comparée à celle des Carabiques parmi les Coléoptères. Tous se nourrissent de proie et leurs pattes antérieures sont conformées à cet effet. Le rostre est libre et dégagé, souvent arqué; les antennes sont filiformes, longues, le dernier article plus fin que les autres; la tête est ordinairement assez petite, et rétrécie en arrière en forme de col, parfois assez long; le corselet est trapézoïdal ou hexagonal, sillonné transversalement, quelquefois aussi en long; l'abdomen déborde presque toujours les ailes en lame tranchante. Bien que les pattes antérieures soient ravisseuses, les cuisses étant creusées pour recevoir les jambes afin de retenir la proie, les hanches antérieures sont presque toujours courtes.

I.	Hanches antérieures ordinaires. Des ocelles. Tarses de 3 articles.	
A.	Ocelles non placés sur une saillie transversale du vertex. Rostre de 4 articles. Membrane ayant trois ou quatre grandes cellules à la base.	NABIENS.
B.	Ocelles placés sur une saillie transversale du vertex. Rostre de 3 articles. Membrane ayant deux grandes cellules à la base. . .	RÉDUVIENS.
II.	Hanches antérieures très longues, cylindriques, dépassant la tête. Pattes très longues et grêles, les antérieures ravisseuses. Corps filiforme.	EMÉSIENS.

1re Tribu. — Nabiens.

Le G. **Prostemma** se distingue facilement du suivant par son corps épais, solide; la tête ne présente qu'un col peu marqué; les yeux sont globuleux, mais peu saillants; les ocelles sont petits, placés derrière les yeux; les antennes sont filiformes, à 1er article très petit, deux fois moins long que la tête, les trois suivants à peu près égaux avec un gros article supplémentaire entre le 1er et le 2e, et un petit entre les 2e, 3e et 4e; le rostre est assez grêle et ne dépasse pas les pattes antérieures; le corselet est partagé, par un sillon transversal un peu arqué, en deux parties très inégales, l'antérieure la plus grande; les élytres ont la partie coriace tantôt privée, tantôt munie d'une membrane, et dans le premier cas elles sont nettement tronquées et n'atteignent pas le milieu de l'abdomen; ce dernier est très convexe en dessous avec les côtés tranchants et un peu relevés; les pattes sont assez courtes, les cuisses antérieures sont renflées, dentées en dessous. *P. guttula*, 9 à 11 mill., d'un noir brillant, un peu bleuâtre; corie des élytres et pattes d'un rouge jaunâtre, membrane brune, avec un point blanchâtre à la base, écusson d'un noir mat; toute la France. — *P. sanguinea*, 6 mill., noir brillant, lobe postérieur du corselet, écusson, cories, pattes et poitrine, rouges; angle apical des cories et membrane, noirs; cette dernière avec une tache blanche à la base en dehors et une autre à l'extrémité; France méridionale, assez rare, se retrouve en Bretagne.

Le G. **Nabis** se distingue par un corps grêle, atténué en avant, de consistance molle, la tête assez triangulaire en avant, mais non rétrécie en arrière; les yeux sont petits, saillants; les ocelles assez gros, assez rapprochés; les antennes filiformes, grêles, moins longues que le corps, à 1er article aussi long ou plus long que la moitié de la tête; le rostre est fin, long, arqué, dépassant l'insertion des pattes antérieures; le corselet est en cône tronqué, le sillon transversal un peu marqué; les élytres ne dépassent pas souvent le milieu de l'abdomen qui est élargi en arrière avec les bords aplatis, un peu relevés; les pattes sont assez longues, les postérieures un peu plus grandes ; les jambes sont grêles et les tarses assez grands. Ces insectes sont communs pendant l'été et l'automne dans les prés, les clairières, etc.

Chez les uns, le connectivum est relevé, non séparé en dessous du ventre par un sillon longitudinal ; écusson noir avec les côtés jaunes : *N. brevipennis*, 9 à 10 mill., élargi en arrière, brun, à pubescence cendrée, devant et base du corselet d'un fauve ferrugineux ; élytres ordinairement courtes, laissant à découvert trois ou quatre segments abdominaux, d'un roussâtre ferrugineux marbré de brun ; ventre roussâtre marbré de brun, antennes aussi longues que le corps, 1er article aussi long que la tête ; France moyenne et septentrionale, assez rare. — *N. lativentris*, 7 1/2 mill. à 8 1/2 mill., élargi en arrière, brun varié de roux, corselet roussâtre, une ligne latérale noire, dessus de l'abdomen noirâtre, ventre brun avec quelques taches rousses sur les côtés, antennes beaucoup plus courtes que le corps, 1er article d'un tiers plus court que la tête, pattes plus courtes ; commun partout. — *N. major*, 9 mill., d'un jaune grisâtre, finement pubescent, une ligne sur la tête et trois sur le corselet, noires, plus ou moins larges ; élytres d'un brun gris avec quelques lignes jaunâtres, membrane d'un blanc grisâtre, à nervures largement noirâtres ; diffère du précédent par le connectivum presque entièrement jaune, la corie et la membrane non marbrées ; cette dernière à nervures noirâtres ; presque toute la France, sauf la Provence.

Chez les autres le connectivum est étendu horizontalement et séparé du ventre en dessous par un profond sillon longitudinal. L'écusson est noir avec les côtés jaunes, et le 1er article des antennes est assez grêle chez :

N. flavomarginatus, 9 mill., d'un jaune grisâtre, tête avec une large bande noire, corselet avec une bande longitudinale entière et une latérale de chaque côté du lobe antérieur, élytres atteignant le 4e segment abdominal, d'un jaune grisâtre avec une bande externe plus pâle; abdomen noirâtre avec deux lignes jaunes au milieu, connectivum large, jaune, sans taches; France centrale et septentrionale, peu commun. — *N. ferus*, 8 à 8 1/2 mill., grisâtre ou d'un jaune testacé pâle, ligne médiane de la tête et du corselet noire, avec une ligne vague de chaque côté du lobe antérieur; écusson plus large que long, corie ordinairement unicolore, rarement avec les nervures faiblement noirâtres; membrane aussi grande que la corie, blanche, à nervures grisâtres; ventre assez densément pubescent, cuisses assez courtes; commun partout. — *N. rugosus*, 7 mill., d'un jaunâtre livide, élytres à nervures plus ou moins bordées de brun clair, les intervalles parfois obscurcis; limbe externe de la corie toujours plus pâle, corselet conique, pas plus convexe en arrière qu'en avant; ventre ayant une large bande noire médiane et une autre de chaque côté, abdomen élargi en arrière, cuisses antérieures assez longues, pas d'ailes; toute la France, très commun sur les graminées. — L'écusson est entièrement jaune et le 1er article des antennes est un peu épais chez le *N. viridulus*, 7 mill., allongé, subcylindrique, d'un vert jaunâtre pâle, avec le lobe antérieur du corselet, l'écusson et les pattes plus pâles, un point noir au bord interne de la corie avec un trait noir vers le milieu du bord externe et une tache jaune ou rosée assez vague; France méridionale, assez commun sur les Tamarix.

2e Tribu. — Réduviens.

I. 1er article des antennes plus long que le 2e. Crochets des tarses dentés. Cuisses antérieures mutiques. Corselet échancré devant l'écusson.

A. Flancs du mésosternum sans tubercule. Lobe antérieur du corselet ayant un large sillon médian sans sillons obliques latéraux. HARPACTOR.

B. Flancs du mésosternum ayant un tubercule au bord antérieur. Lobe antérieur du corselet ayant deux ou trois sillons un peu obliques de chaque côté du sillon transversal. . . . . CORANUS.

II. 1er article des antennes plus court que le 2e. Crochets des tarses simples.

A. Pas de cellule discoïdale à l'extrémité de la corie. Cuisses antérieures et partie postérieure de la tête, mutiques.

a. Métasternum caréné, tronqué et large en arrière. Tête rétrécie derrière les yeux. . . REDUVIUS.

b. Métasternum non caréné, angulé en arrière. Tête large derrière les yeux. . . . . PIRATES.

B. Une grande cellule discoïdale à l'extrémité de la corie. Cuisses antérieures et partie postérieure de la tête, épineuses. Hanches éperonnées.

a. Yeux plus grands, peu écartés en dessous, situés presque au milieu de la tête . . . . ONCOCEPHALUS.

b. Yeux plus petits, écartés en dessous, situés plus près du corselet . . . . PYGOLAMPIS.

Les **Harpactor** sont de grande taille dans cet ordre et de forme élégante ; leur corps, très convexe en dessous, est assez déprimé en dessus ; leur tête forme entre les antennes un cône émoussé, les yeux sont saillants, mais petits, et derrière eux la tête est sillonnée en travers ; les antennes sont fines, de grosseur égale, ne dépassant pas la moitié du corps, de cinq articles, le 1er court ; le rostre est arqué et atteint le milieu du prosternum, le corselet est pentagonal, assez convexe, et partagé en deux parties par un profond sillon transversal, le bord postérieur échancré au milieu ; la membrane présente un reflet métallique, les côtés de l'abdomen sont relevés et tranchants ; les pattes sont assez grandes et assez grêles. Ces insectes sont propres aux endroits secs et chauds, et plus communs dans le Midi : *H. iracundus*, 15 à 18 mill., d'un beau rouge, avec les antennes, le devant et le derrière de la tête, quelquefois des taches sur les côtés du corselet, la poitrine, un anneau sur le milieu des cuisses et les genoux, noirs ; lobes postérieurs du corselet bordés de fauve pâle, ainsi que l'extrémité de l'écusson ; abdomen tantôt rouge à taches noires, tantôt presque entièrement noir ; France méridionale et centrale, Fontainebleau. — *H. annulatus*, plus petit, noir, avec les côtés de l'abdomen d'un rouge de sang, à bandes noires ; les pattes du même rouge, avec la base des cuisses ; un anneau médian, les genoux et les tarses, noirs ; France méridionale. — *H. hæmorrhoidalis*, aussi grand que l'*iracundus*, noir brillant en dessous, d'un rouge brique presque mat en dessus, tête noirâtre, corselet bordé en arrière de fauve très clair, écusson noir, avec une ligne élevée lisse d'un fauve très clair ; côtés de l'abdomen tachés de fauve, pattes rougeâtres, avec les cuisses noirâtres en dessus ; extrémité des jambes et tarses noire ; plus commun que les précédents, dans presque toute la France.

Le G. **Coranus** ne diffère des *Harpactor* que par la présence d'un tubercule au bord antérieur des flancs du mésosternum, deux ou trois sillons un peu obliques de chaque côté du lobe antérieur du corselet, et le corps plus trapu, à coloration plus sombre, à villosité assez serrée. *C. ægyptius*, 7 à 10 mill., d'un brun roussâtre terreux, tête courte, pointue en avant; membrane métallique, abdomen noir, avec le milieu fauve et les côtés tachetés de fauve; poitrine noire, pattes tachetées de noirâtre, 1er article des antennes plus court que la tête, partie postoculaire de la tête à peine plus longue que l'antérieure, brusquement rétrécie à la base; France méridionale, commun; remonte jusqu'à Paris. — *C. subapterus*, 10 à 11 mill., ressemble entièrement au précédent, mais plus élancé, avec le 1er article des antennes plus long que la tête, et la partie postoculaire bien plus longue que l'antérieure et graduellement atténuée vers la base; toute la France, assez commun.

Le G. **Reduvius** se distingue par un corps plus allongé, moins convexe en dessous; la tête est petite, les yeux sont gros et saillants, les antennes fines, un peu velues, s'effilant vers l'extrémité; les 2e et 3e articles presque égaux, le 4e court; le corselet a le lobe antérieur légèrement sillonné en long, et ce sillon s'étend sur le lobe postérieur; le sillon transversal est rapproché du bord antérieur, l'écusson se termine par une épine horizontale, les élytres sont presque entièrement membraneuses, sauf un bord externe assez large; les cuisses antérieures et intermédiaires sont un peu épaissies. L'unique espèce européenne de ce genre vit dans les maisons; sa piqûre est fort douloureuse. On la trouve parfois la nuit se promenant dans les appartements, et elle paraît faire la guerre aux punaises des lits; dans les soirées d'été, cet insecte vient fréquemment voltiger autour des lumières; souvent on le trouve pris dans les toiles d'araignées. *R. personatus*, 15 à 17 mill., d'un brun noirâtre ou roussâtre, assez brillant sur la tête et le corselet, plus pâle et plus mat sur les élytres ; pattes un peu roussâtres aux genoux et à la base des cuisses ; toute la France.

Le G. **Pirates**, qui se rapproche beaucoup des *Reduvius*, en diffère par le sillon transversal du corselet, qui est plus rapproché du bord postérieur que de l'antérieur ; il est aussi plus profondément enfoncé ; les antennes sont moins grêles, plus courtes ; la tête est plus courte, les yeux moins saillants; l'écusson se termine par une pointe moins aiguë, les cuisses antérieures sont grosses et épaisses ; enfin la coloration, si monotone et si triste chez les *Réduves*, est variée de noir et de rouge chez les *Pirates*. *P. stridulus*, **12** à **13** mill., d'un noir luisant ; élytres rouges, avec trois taches d'un noir velouté le long du bord interne, l'espace entre ces taches parfois un peu jaunâtre ; la **1**re longe l'écusson et est assez longue ; membrane plus claire et presque mate, avec une tache plus foncée, veloutée à la base ; abdomen rouge, avec la base, les deux derniers segments et les taches latérales, noirs ; commun dans presque toute la France ; à terre, ne paraît pas dépasser Paris.

Les **Oncocephalus** ont le corps assez allongé, la tête prolongée en avant des yeux qui sont assez gros ; les antennes sont insérées en avant, le **1**er article un peu épais, le corselet en cône tronqué, sinué latéralement, élargi à la base, ayant un profond sillon transversal et les angles antérieurs très pointus ; l'abdomen est un peu plus large et plus long que les élytres, caréné longitudinalement en dessous ; les cuisses antérieures sont renflées. *O. notatus*, **13** à **15** mill., jaunâtre, mat, à fine pubescence blanchâtre ; corselet à faible sillon transversal, écusson jaunâtre, à pointe aiguë, horizontale, dessous presque entièrement jaune; jambes et antennes assez longuement velues, membrane jaunâtre, avec une grande tache veloutée noire; France méridionale, assez rare. — *O. squalidus*, **13** mill., plus court et plus brun; écusson brun, à pointe jaune plus ou moins relevée; dessous brunâtre, plus pâle au milieu; membrane grisâtre, vaguement marbrée de brun, sans tache noire; corselet plus large, tête plus courte; France méridionale, rare.

Le G. **Pygolampis** a le corps bien plus étroit, la tête est terminée par une pointe courte, aiguë; les yeux sont plus petits, le corselet n'a pas les angles antérieurs en pointe et n'a pas un sillon transversal aussi marqué, les angles postérieurs sont moins saillants, le **1**er article des antennes est plus épais, les cuisses antérieures sont à peine plus épaisses que les autres. *P. bidentata,* **12** à **14** mill., allongée, d'un roussâtre un peu brun mat, à courte pubescence cendrée; dessous d'un jaunâtre obscur, ventre à deux lignes brunâtres vagues, pattes jaunâtres, genoux bruns et deux anneaux bruns aux jambes antérieures, corselet conique, sans sillon transversal, un sillon longitudinal élargi en arrière; toute la France, rare partout.

3e Tribu. — Emésiens.

Cette tribu renferme deux genres bien différents de structure. Chez le premier, **Ploiaria**, le corselet est à peine de moitié plus long que large, l'écusson est armé d'une longue épine, la tête est courte, renflée derrière les yeux, rétrécie subitement en avant; les cuisses antérieures sont épineuses dans toute leur longueur, les postérieures sont très longues, géniculées; les tarses antérieurs ont deux articles et deux crochets. L'aspect de ces insectes est celui de quelques tipules ou cousins à raison de leurs grandes pattes, minces comme des fils, et de leurs ailes un peu élargies en arrière, marbrées et ponctuées de brunâtre. La membrane est très grande et c'est à peine si la corie se distingue à la base, en dehors. *P. vagabunda,* 7 mill., d'un roussâtre pâle, marbré de brun et de brunâtre, corselet ayant un sillon longitudinal effacé à la base, écusson à deux épines assez longues, antennes blanches à anneaux noirs, ces derniers beaucoup plus étroits que les blancs; 1er et 2e articles très longs, le 1er un peu plus grand que le 2e, le 3e égal à la moitié du 2e, le 4e au quart du 3e; toute la France, assez commun. — *P. culiciformis*, 4 1/2 mill., diffère de la précédente par la taille plus petite, la teinte un peu plus foncée, la 1re épine de l'écusson un peu plus longue, les antennes à anneaux blancs beaucoup plus étroits que les anneaux bruns, le 2e article d'un quart plus court que le 1er, le 3e égal à la moitié du 2e, le 4e à la moitié du 3e; toute la France, commune.

Dans le G. **Emesa**, le corselet est au moins trois fois aussi long que large, l'écusson n'a pas d'épine, le corps est aptère, les cuisses antérieures sont entièrement épineuses, le trochanter antérieur a une forte épine, les tarses antérieurs paraissent n'avoir qu'un seul article et un seul crochet; chez les femelles l'abdomen est assez large. *E. domestica,* 8 mill., allongée, aptère, d'un jaunâtre pâle assez brillant, deux lignes sur l'abdomen, angles postérieurs des segments sur le connectivum, côtés de la poitrine, trois anneaux aux cuisses antérieures et deux aux tibias, bruns ; les quatre pattes postérieures filiformes, très longues, brunes ; abdomen un peu élargi, à bords relevés, les quatre derniers segments parfois munis d'une épine obtuse; France méridionale, dans les maisons, très rare à Paris.

FAMILLE DES SALDIDES

Cette famille ne renferme que des insectes de rivages, ayant de gros yeux saillants, une tête large, des ocelles bien apparents, un rostre de trois articles, écarté du dessous de la tête, des antennes de quatre articles, filiformes, le dernier article un peu épaissi, le 1er court, un peu épais, le 2e le plus long ; le corselet est transversal, marqué d'un sillon transversal ; les élytres sont régulières, avec un bord externe plus ou moins relevé en gouttière à la base ; la membrane présente cinq nervures parallèles, formant quatre grandes cellules allongées ; les pattes sont ambulataires et pourtant propres au saut ; les tarses ont trois articles.

Ces insectes sont carnassiers et vivent au bord des eaux ; ils volent et sautent avec une grande facilité, ce qui rend leur capture difficile. Quelques *Leptopus* se trouvent dans des endroits élevés et arides, mais sous des pierres qui conservent une certaine humidité.

Le G. **Salda** renferme des insectes à corps ovalaire, à tête courte, large, un peu triangulaire en avant et débordant le corselet; le rostre est long, et atteint le métasternum; les ocelles sont au nombre de deux, situés derrière les yeux; le corselet est court, à peine échancré en avant, avec un sillon transversal plus ou moins marqué; l'écusson grand, triangulaire, très large à la base, est également sillonné en travers; la membrane présente quatre grandes cellules longitudinales; les cuisses antérieures sont inermes et pas plus grosses que les autres.

Les espèces assez nombreuses de ce genre sont assez difficiles à distinguer; les coupes suivantes faciliteront leur détermination.

A. Ocelles rapprochés, mais non contigus. Corselet fortement transversal; côtés non sinués au niveau du sillon transversal.

a. Bord antérieur du corselet et sillon transversal non crénelés par une ligne de gros points.

* 1re cellule de la membrane n'atteignant pas l'extrémité de la 2e.

S. littoralis, 6 à 7 mill., ovalaire, un peu élargie en arrière, dessus mat, couvert d'une pubescence d'un fauve cendré, très courte et serrée; élytres noires ayant quelques petites taches testacées peu apparentes, membrane noirâtre avec le milieu des cellules transparent, mais enfumé; pattes d'un testacé obscur, les deux premiers articles des antennes testacés en dessous; bord de la mer et bord des torrents dans les montagnes, peu commune. — *S. riparia*, 5 à 6 mill., en ovale allongé, noire, à pubescence grisâtre très courte, élytres avec cinq ou six petites taches d'un jaunâtre pâle, mais très apparentes, dont une ou deux atteignent le bord externe, et une plus grande en carré transversal un peu avant l'extrémité, pattes testacées avec les cuisses et les tarses en partie noirâtres.

** 1re cellule de la membrane atteignant l'extrémité de la 2e.
○ Côtés du corselet droits.

S. nigricornis, 6 mill., d'un noir bleuâtre, à fine pubescence cendrée, 1er article des antennes et cuisses ayant souvent une bande longitudinale pâle, élytres à petites taches jaunes plus ou moins nombreuses, bien marquées; dans les montagnes. — *S. scotica*, 6 mill., ressemble beaucoup à la précédente, n'en diffère que par le dessus hérissé de longues soies noires, les taches moins marquées et les parties extrêmement noires; Alpes, Pyrénées, Vosges, rare. — *S. opacula*, 3 1/2 à 4 mill., oblongue, d'un noir un peu brillant, 1er article des antennes jaune en avant ainsi que le clypeus et les pattes qui sont rayées de brun, corie à taches jaunes allongées, parallèles au bord et plus apparentes en dehors, une petite tache d'un blanc pur en dedans de l'angle postérieur de la corie; toute la France, assez rare. — *S. orthochila*, 4 mill., d'un noir mat, à pubescence fauve, courte, pattes jaunes en grande partie, élytres ayant plusieurs petites taches d'un jaune obscur, guttiformes peu apparentes, une plus grande avant l'angle externe, mais sans bande transversale jaune au milieu, bord externe noir, seulement une petite tache jaune avant l'extrémité; membrane enfumée, nervures brunes; Vosges, Alpes, Pyrénées.

OO Côtés du corselet arqués.

S. saltatoria, 3 1/2 mill. à 4 1/2, noire, pubescence d'un fauve doré, élytres ayant deux traits marginaux, plusieurs taches guttiformes et les pattes d'un jaune obscur, dessous des cuisses, base et extrémité des tibias, noirs au milieu, en dehors; toute la France, assez commune. — *S. pallipes*, 4 à 5 mill., noire, à pubescence serrée d'un fauve doré, élytres à grandes taches blanchâtres, largement unies à celles du bord, avec les trois pattes plus ou moins confluentes, ou blanchâtres avec la base noire et quelques taches brunâtres sur le disque; pattes jaunes, dessous des cuisses, extrémité et dehors des tibias, noirs; presque toute la France, assez commune. — *S. pilosa*, 5 mill., en ovale élargi, d'un noir bronzé brillant sur la tête et le corselet avec des poils noirs hérissés, devant de la tête, antennes, pattes, bordure latérale du corselet, élytres et bord des segments sternaux, jaunâtres, brillants; base de la corie et une tache vers le milieu du bord externe, brunes; Dunkerque, marais salants.

b. Bord antérieur et sillon transversal du corselet crénelés par une ligne de gros points.

S. lateralis, 4 mill., étroite, presque glabre, d'un noir bleuâtre ou verdâtre brillant, tacheté de fauve, devant de la tête, labre, rostre, antennes, pattes et poitrine, jaunes en grande partie; bords latéraux du corselet plus ou moins jaunes; élytres très variables, tantôt entièrement jaunes, tantôt avec des taches noires, tantôt noires avec une bordure externe et la membrane jaunes, tantôt entièrement noires ainsi que le corselet; bord des eaux salées, toute la France.

B. Ocelles réunis à leur base. Corselet fortement rétréci en avant, bien moins large ; ses côtés sinués au niveau du sillon transversal ; deux lignes de gros points au bord antérieur et sur le sillon transversal.

a. 2e article des antennes jaune, à peine plus long que le 3e.

S. Cocksii, 3 1/2 à 4 mill., d'un noir brillant, hérissée de longs poils noirs serrés; élytres noires, mates, veloutées, bord externe entièrement jaune, une tache ronde d'un blanc pur un peu en dedans de l'angle postérieur de la corie, avec quelques points jaunes très peu apparents; membrane rembrunie, à nervures brunes, pattes fauves; toute la France, peu commune.

b. 2e article des antennes noir, notablement plus long que le 3e.

S. cincta, 4 mill., d'un noir brillant, antennes grêles, le tiers apical du 1er article jaune, ainsi que les pattes; bord externe des élytres jaune avec la base et une tache anté-apicale noires, disque noir avec quelques petites taches blanches et une plus grande un peu en dedans de l'angle postérieur, membrane grande, enfumée; presque toute la France, assez rare. — *S. elegantula*, 3 1/2 à 4 mill., ressemble extrêmement à la précédente, en diffère par le corps hérissé de longs poils noirs, les trois derniers articles des antennes un peu épaissis et le bord externe des élytres entièrement jaune; Landes, rare.

Les **Leptopus** ont le corps plus oblong, plus atténué en avant; ils ont de gros yeux qui débordent le corselet, comme les Cicindèles et, comme ces dernières, sont de grands chasseurs; le rostre est court, n'atteignant que les hanches antérieures; le corselet est rétréci en avant, avec un sillon transversal; l'écusson est triangulaire, les élytres sont finement réticulées, avec la membrane transparente; les ocelles sont au nombre de trois réunis sur un tubercule entre les yeux; les pattes sont fines, assez longues; les cuisses antérieures sont renflées et munies de longues et fines épines, ainsi que les jambes et les deux premiers articles du rostre.

Chez les uns, le 3e article des antennes est de deux à dix fois plus long que le 2e, le lobe antérieur du corselet est sillonné au milieu avec une forte callosité latérale: *L. boops*, 4 1/2 mill., allongé, d'un fauve mélangé de brun, hérissé de longues épines, yeux non épineux; bord externe des élytres avec une rangée régulière d'épines, corselet noirâtre, mat, avec les côtés et le bord postérieur jaunâtres; élytres d'un jaune très pâle avec quelques points noirâtres, 3e article des antennes trois fois aussi long que le 2e; presque toute la France, sauf l'ouest, peu commun. — *L. hispanus*, 4 mill., dessus sans épines, sauf les cories; corselet noir, brillant, fortement ponctué; bord externe des élytres transparent et sans épines, sans taches; base des cories jaunâtre, extrémité d'un noir velouté avec une grande tache apicale blanchâtre; 3e article des antennes deux fois aussi long que le 3e. France méridionale, très rare. — *L. echinops*, 3 1/2 mill., hérissé de longues épines, même sur les yeux; tête rousse en avant, corselet noir avec un tubercule roussâtre de chaque côté, bord externe des élytres jaune, transparent, sans taches; corie jaune, une large bande brune, mal limitée vers le milieu de la corie, dessous noir; Landes, très rare.

Chez une 4e espèce, *L. lanosus*, 3 1/2 à 4 1/2 mill., le 3e article des antennes est un peu plus court que le 2e, le sillon transversal est traversé de chaque côté par trois fossettes allongées; corps d'un noir cendré bleuâtre, corie noire avec cinq ou six taches blanchâtres; le bord externe est transparent; abdomen noir, segments bordés de blanchâtre, corselet liséré de jaune à la base, couvert d'une villosité laineuse assez longue et blanchâtre; pas d'épines, pattes pâles; Landes, très rare.

FAMILLE DES HYDROMÉTRIDES

Cette famille se compose d'un seul genre et d'une seule espèce qui se distingue facilement et nettement par la forme de la tête, deux fois aussi longue que le corselet, par son corps filiforme ainsi que ses pattes, avec les hanches peu saillantes.

Les **Hydrometra** sont bien faciles à reconnaître à leur corps grêle et filiforme et à leurs pattes longues et plus grêles encore; leur tête est longue, cylindrique, formant presque le tiers du corps, et grossissant légèrement vers l'extrémité, avec une petite pointe conique en avant; les yeux sont petits, assez saillants, placés à peu près au milieu de la tête; les antennes sont assez longues et sétiformes, à 1er article court, le 3e très long; le rostre est court et très fin, le corselet est très allongé, les élytres sont membraneuses dans toute leur longueur, avec deux nervures longitudinales ; l'abdomen est terminé par une pointe courte et aiguë. Le seul insecte qui compose ce genre, *H. stagnorum*, 12 mill., est noir, avec le dessous plus ou moins roussâtre, ainsi que les hanches et la base des cuisses ; élytres d'un brun sombre. Il est commun partout, au bord des eaux stagnantes ; il se tient dans les petites cavités où il peut être tranquille, et ne s'aventure sur l'eau que quand il y est forcé ; sa démarche est extrêmement lente ; il ne paraît pas avoir les mœurs carnassières des autres ripicoles.

FAMILLE DES GERRIDES

Cette famille est très caractérisée par les hanches très écartées, situées sur les côtés du corps ; l'écusson recouvert par un prolongement du corselet, les crochets antéapicaux, la tête courte, inclinée ; le 1er article des antennes le plus long, les ailes à trois lobes. Ce sont des insectes aquatiques, mais vivant à la surface sur laquelle ils courent rapidement.

Les **Velia** ressemblent un peu aux *Gerris*, mais leur corps est plus court, plus épais ; leur tête est assez petite, triangulaire et enfoncée jusqu'aux yeux dans le corselet ; les yeux sont gros et saillants, les antennes ont quatre articles, le 1er le plus long de tous ; le rostre est assez gros et court, de trois articles ; le corselet est gros, convexe ; les élytres, quand elles existent, sont membraneuses dans toute leur longueur ; l'abdomen, très convexe en dessous, concave en dessus, avec les bords tranchants et relevés ; les pattes sont médiocrement grandes et à égale distance les unes des autres ; les cuisses postérieures sont un peu épaissies, avec deux fortes épines et quelques petites dents chez les ♂, inermes chez les ♀ ; les tarses ont trois articles, le 1er très petit. Ces insectes glissent rapidement sur les eaux, mais n'ont pas les mouvements saccadés des *Gerris* ; ils sont assez carnassiers. *V. rivulorum*, 8 mill., noire, avec deux taches veloutées, argentées, disparaissant souvent, au bord antérieur du corselet ; élytres ayant chacune deux taches allongées à la base, l'une derrière l'autre, un point au milieu et un autre avant l'extrémité, blancs ; abdomen d'un rouge jaunâtre, avec deux taches de chaque côté et les stigmates noirs ; écusson entièrement caché par le corselet ; France centrale et méridionale. — *V. currens*, 6 mill., brune, deux taches blanches soyeuses au bord antérieur du corselet ; bords de l'abdomen d'un roux orange, avec des taches brunes ; dessous d'un roux orange, avec une bande brune ou des taches de même couleur ; l'écusson non caché par le corselet ; presque toujours aptère ; les individus ailés sont excessivement rares, et leurs élytres sont d'un brun roussâtre ; commune dans toute la France.

Les **Gerris** sont ces insectes, connus vulgairement sous le nom d'araignées d'eau, qui se promènent à la surface des eaux tranquilles en glissant par saccades, à peu près comme des patineurs ; on les rencontre souvent réunis tranquillement en familles nombreuses dans de petites anses abritées ; leur corps est assez allongé, assez épais ; la tête est saillante, avec de gros yeux globuleux ;

les antennes sont plus courtes que le corps, grêles, avec le 1er article presque aussi long que les deux suivants réunis ; le rostre est court, assez gros, de quatre articles, le dernier aigu ; le corselet est grand, légèrement rétréci en avant, recouvrant en arrière l'écusson ; les élytres, qui manquent parfois, sont longues, sans membrane ; l'abdomen est allongé, étroit, à bords tranchants, avec le dernier segment échancré, à angles pointus ; les pattes sont inégales, les antérieures courtes, les autres très minces et grandes, surtout les intermédiaires, et insérées très loin des antérieures à cause de la grandeur du mésosternum ; les tarses, presque aussi longs que les jambes, sont de deux articles très inégaux. Ces insectes sont couverts d'une pubescence soyeuse, fine et serrée, qui les protège contre l'eau dans laquelle ils ne plongent que lorsqu'ils sont poursuivis trop vivement. Ils sont très voraces, et quand ils manquent de proie ils se dévorent entre eux. Chez les uns, le corselet est d'un jaune rougeâtre : *G. rufoscutellatus*, 12 à 17 mill., noir, corselet rougeâtre ainsi que le 3e article du rostre ; bords et extrémité de l'abdomen d'un brun rougeâtre, ainsi que les élytres dont le bord et les nervures sont noirs ; prosternum d'un blanc jaunâtre, avec le milieu noir ; angles terminaux de l'abdomen aigus ; plus commun dans la France méridionale. — Le corselet est brun ou noir dans les autres espèces : *G. paludum*, 12 à 15 mill., brun, à pubescence soyeuse, grisâtre sur le dessous du corps ; 1er article des antennes plus long que les deux suivants réunis ; corselet grossement ponctué, granuleux, ridé sur les côtés ; 2e article du rostre et dessous des hanches d'un blanc jaunâtre ; abdomen noir, avec une ligne d'un blanc jaunâtre sur les bords; assez commun partout. — *G. majus*, 12 à 15 mill., brun, couvert en dessous d'une pubescence soyeuse argentée; 1er article des antennes plus court que les deux suivants réunis; prosternum et métasternum, une tache sur le mésosternum, une ligne médiane sur l'abdomen et de chaque côté, jaunâtres, ainsi qu'une tache sur le bout du lobe frontal et sur le cou; corselet à rides transversales presque parallèles, serrées; toujours aptère; répandu partout. — *G. Costæ*, 12 à 14 mill., brun, corselet d'un jaune roussâtre, avec les côtés bruns; élytres ayant souvent quelques taches blanchâtres à la base, pattes et antennes jaunâtres, cuisses antérieures ayant une raie noire en dehors, dessous noir, connectivum et extrémité de l'abdomen jaunâtres, ainsi que les côtés du prosternum; commun dans toutes les Alpes. — *G. gibbiera*, 10 à 13 mill., allongé, noir, lobe antérieur du corselet ayant une courte ligne jaune, dessous des trois premiers articles des antennes, côtés du prosternum, base du rostre, pattes, des taches sur les hanches, moitié externe du connectivum et extrémité de l'abdomen, jaunâtres; cuisses antérieures linéolées de noir; un tubercule jaunâtre au métasternum; presque toute la France. — *G. lacustris*, 8 à 10 mill., noirâtre, une petite ligne longitudinale jaunâtre sur le devant du corselet, qui a de chaque côté une ligne marginale jaune; dessous des premiers articles des antennes, côtés du prosternum, base du rostre, taches des hanches, jaunâtres, ainsi que les pattes, le connectivum et l'extrémité de l'abdomen; cuisses antérieures à deux lignes noires; métasternum sans tubercule, jaunâtre; toute la France.

Hydrocorises.

Cette seconde grande division renferme les Hémiptères dont les antennes, extrêmement courtes, sont cachées dans une fossette en dessous de la tête, ce qui leur a fait donner aussi le nom de Cryptocères. Tous sont aquatiques, un seul ne vit pas dans l'eau, mais ne se trouve qu'au bord des eaux. Ils sont peu nombreux et forment les familles suivantes :

I. Des ocelles. Insectes ripicoles. . . . . Pélogonides.
II. Pas d'ocelles. Insectes aquatiques.
A. Hanches antérieures insérées en avant ou au milieu du prosternum.
a. Pas d'appendice tubuleux anal. Deux articles aux quatre tarses postérieurs. Antennes simples, de quatre articles. . . . . Naucorides.
b. Un long appendice tubuleux anal. Un seul article à tous les tarses. Antennes de trois articles, le 2e prolongé latéralement. . . . Népides.
B. Hanches antérieures insérées au bord postérieur du prosternum.
a. Rostre libre, de trois ou quatre articles. Insectes nageant sur le dos . . . . Notonectides.
b. Rostre caché, paraissant inarticulé . . . . Corisides.

FAMILLE DES PÉLOGONIDES

Cette famille n'est représentée en France et en Europe que par un seul genre et une seule espèce. Le type du

G. **Pelogonus** est un insecte, au corps en ovale presque carré, déprimé, velouté; la tête, assez large, est coupée droit en avant avec les yeux gros, ovalaires; les antennes sont filiformes, de quatre articles, les deux premiers courts, et ne dépassant pas la longueur de la tête; le rostre atteint les hanches postérieures; le corselet est transversal, légèrement sinué en devant; l'écusson est assez grand, triangulaire, large à la base; les élytres couvrent tout l'abdomen en le dépassant un peu, la membrane est à peine distincte de la corie à sa base, les pattes sont grêles, assez courtes, les postérieures plus grandes que les autres, les tarses sont de deux articles, mais les antérieurs paraissent uni-articulés à cause de la brièveté du 1er article. *P. marginatus*, 4 à 6 mill., d'un noirâtre velouté, un peu cendré en dessous, côtés du corselet avec quelques taches en arrière et quelques autres sur les bords des élytres et de l'abdomen, roussâtres; quelques points cendrés sur les élytres; pattes pâles; France méridionale, au bord des rivières; très vif, comme les *Salda*, sautant et s'envolant très facilement; il exhale l'odeur particulière aux punaises.

FAMILLE DES NAUCORIDES

Famille peu nombreuse, ayant pour type le genre suivant :

Les **Naucoris** ont le corps ovalaire, tranchant sur

les bords, déprimé, lisse et luisant ; la tête est grande, en demi-cercle, inclinée en dessous ; les yeux sont grands, presque en croissant, peu saillants ; le rostre est très court, couvert à la base par le labre, le dernier article pointu ; le corselet est légèrement arqué sur les côtés, l'écusson est triangulaire, assez grand ; les élytres recouvrent l'abdomen et leur partie membraneuse est à peine distincte, les pattes antérieures sont à peine ravisseuses, avec les hanches robustes et grandes, les fémurs très gros, presque tranchants, et les tibias arqués ; les pattes intermédiaires et postérieures sont plus grandes, avec les jambes épineuses et ciliées ainsi que les tarses. Ces insectes nagent rapidement et sont très voraces ; ils volent facilement pendant la nuit. *N. cimicoides*, 16 mill., ailée, d'un fauve verdâtre assez brillant, avec des points noirs sur la tête et le corselet ; partie membraneuse des élytres presque aussi grande que l'autre. — *N. maculata*, 10 mill., sans ailes ; d'un fauve verdâtre avec deux ou trois taches longitudinales sur la tête et quatre ou cinq irrégulières sur le corselet, brunes, ainsi que les élytres ; partie membraneuse beaucoup plus courte que l'autre ; les deux espèces communes dans tous les marécages.

FAMILLE DES NÉPIDES

Deux insectes de formes très différentes composent cette

famille, caractérisée par le tube allongé situé à l'extrémité de l'abdomen et formé par la réunion de deux longues soies creusées qui se dédoublent souvent; c'est un tube respiratoire, aboutissant à une trachée. Ils sont peu agiles et se tiennent dans les herbes aquatiques, au fond des eaux stagnantes ou dans la vase, dont ils sont souvent enduits.

Les **Nepa** ont le corps très plat, en ovale allongé, presque tronqué en avant, ogival en arrière; la tête est petite, rhomboïdale, enfoncée jusqu'aux yeux, et un peu pointue au milieu du bord antérieur; le rostre est court, épais; les antennes sont cachées sous les yeux, le corselet est presque carré, un peu rétréci en avant, profondément échancré au bord antérieur, à surface inégale, marquée d'un sillon transversal profond, plus rapproché du bord postérieur; l'écusson est très grand, triangulaire, les côtés arqués; les élytres recouvrent tout l'abdomen, la corie est très dure, la membrane a des cellules nombreuses et irrégulières, l'abdomen est terminé par deux longs filets qui composent, en se réunissant, un tube respiratoire; les pattes sont grandes, assez fortes; les hanches antérieures sont grandes, très saillantes, insérées tout près des yeux et loin des hanches intermédiaires; les fémurs antérieurs sont épais, fortement échancrés et sillonnés pour recevoir le tibia qui est arqué; les pattes postérieures sont plus courtes, égales; tous les tarses sont composés d'un seul article. *N. cinerea*, 17 à 22 mill., d'un brun cendré, terne, dessus de l'abdomen d'un rouge orangé; une tache brune au milieu de la poitrine, des bandes obliques brunes de chaque côté de l'abdomen; très commune dans toutes les eaux stagnantes ou peu courantes, dans les plantes aquatiques; se traîne lentement sur la vase et est très vorace.

Le G. **Ranatra** présente au contraire un corps subcylindrique, étroit, allongé; la tête est assez saillante, petite, triangulaire, les yeux sont gros, très saillants; le 2e article des antennes est dilaté en dehors, et le 3e article, inséré à l'angle opposé, forme avec cette dilatation une sorte de pince; le rostre court, épais à la base, se dirige un peu en avant; le corselet est très long, plus étroit que les yeux; l'écusson est petit, pointu; les élytres sont un peu moins longues que l'abdomen, la membrane est courte, l'abdomen se termine en pointe et porte deux longs appendices filiformes, les pattes sont longues et grêles, les hanches, insérées sous les yeux, sont longues. *R. linearis*, 32 à 36 mill., d'un fauve brunâtre un peu cendré; filets abdominaux aussi longs ou plus longs que le corps; commune dans les mêmes eaux; vole bien le soir, mais nage lentement; marche plutôt dans l'eau.

FAMILLE DES NOTONECTIDES

Cette famille renferme un petit nombre d'insectes à corps oblong, fortement convexe, en forme de toit ou de carapace. Leur tête est courte, contiguë au corselet, et le front est incliné en dessous; la membrane, quand elle existe, n'a pas de nervures; les pattes postérieures sont grandes et propres à la natation ; aussi ces insectes sont très agiles et en même temps très carnassiers. Il faut se défier de leur rostre dont la piqûre est douloureuse.

Le G. **Plea** ne renferme qu'une seule espèce, *P. minutissima*, 3 mill., qui diffère des notonectes par ses élytres sans membranes, coriacées avec de gros points; fortement convexe, obtuse en avant, d'un jaune blanchâtre, une bande roussâtre sur la tête ; écusson moins ponctué que le corselet et les élytres, celles-ci ayant souvent une bande oblique vaguement brunâtre, ainsi que l'extrémité, dessous brun ; commune dans les mares.

Les **Notonecta**, ainsi que leur nom l'indique, nagent sur le dos et, quand on regarde une mare d'eau, on les voit en effet monter à la surface, l'abdomen en l'air et y rester quelques instants avec leurs grandes pattes postérieures écartées à angles droits; leur corps est très épais, en forme de toit, velouté et frangé tout autour; la tête est grande, transversale, fortement inclinée sur la poitrine ; le rostre est très fort, très large à la base ; le corselet est transversal, un peu rétréci en avant; l'écusson, triangulaire, est presque aussi large à la base que le corselet ; les élytres recouvrent complètement l'abdomen, leur extrémité en membrane, l'abdomen est relevé au milieu en une crête frangée qui est fortement sillonnée ; les pattes sont grandes, surtout les postérieures, et ciliées, les tarses postérieurs sont longs et aplatis en forme de rames et longuement ciliés. Ces insectes sont très vifs et nagent rapidement ; quand on les tire à terre, ils se démènent avec une grande énergie ; ils sont très carnassiers et se dévorent entre eux. *N. glauca*, 15 mill., d'un fauve assez pâle, yeux et base du corselet d'un brun grisâtre, écusson noir, élytres d'un roux teinté de brunâtre avec quatre ou cinq taches noires sur les côtés; dessous noir, pattes fauves; varie extrêmement; quelquefois les élytres sont presque sans taches, quelquefois elles sont presque entièrement noires avec deux taches basilaires d'un jaune pâle ou bien elles sont piquetées de brun sur un fond fauve; commun partout.

FAMILLE DES CORISIDES

Cette famille comprend deux genres très inégalement composés. Ces insectes sont allongés, plus ou moins parallèles, remarquables par leurs élytres homogènes, striolées de brun en travers et à membrane sans nervures, et par leur abdomen dont les segments sont échancrés non symétriquement de chaque côté. Leurs espèces sont difficiles à reconnaître à raison de l'uniformité des formes et de la coloration qui est toujours d'un fauve clair avec des raies brunes transversales ou des taches.

Le G. **Sigara** est composé d'un petit nombre d'espèces reproduisant en petit la forme des *Corisa*, mais avec un écusson, des antennes de quatre articles et un corps plus elliptique. *S. Scholtzii*, 2 1/4 mill., d'un fauve grisâtre, vaguement tacheté de brun, à élytres brillantes et à corselet plus court que la tête; presque toute la France. — *S. minutissima* 1 1/2 mill., de même couleur, élytres mates, à ponctuation indistincte ; corselet presque aussi long que la tête ; toute la France, peu commune à cause de sa petitesse, ce qui la rend difficile à trouver.

Les **Corisa** ont le corps assez allongé, peu épais et peu convexe ; la tête est grosse, large, courte, sa partie antérieure fortement inclinée en dessous ; elle est assez concave chez les ♀ et impressionnée chez les ♂ ; les yeux sont grands, mais peu saillants; le dernier article des antennes est grêle, l'avant-dernier claviforme ; le rostre est caché et presque membraneux, le corselet est large, mais très court, triangulaire en arrière de manière à recouvrir complètement le mésothorax et l'écusson ; les élytres sont légèrement et uniformément convexes, sans partie membraneuse, bien qu'une ligne un peu élevée et oblique en indique la position ; une ligne un peu saillante longe le bord externe des élytres et un sillon oblique les parcourt dans une grande partie de leur longueur ; les pattes antérieures sont très courtes et insérées près de la tête, le tibia est presque rudimentaire, les tarses sont composés d'un seul article, arqué, large à la base, pointu à l'extrémité, concave intérieurement et bordé de longues soies ; les pattes intermédiaires sont plus longues et plus grêles, les postérieures plus grandes, natatoires, avec les tarses en forme de rame, aplatis, frangés. Ces insectes, d'un fauve grisâtre clair et luisant, marbré de brunâtre, sont d'une grande agilité dans l'eau ; au contraire des notonectes, ils ne nagent pas sur le dos, et quand ils sont tranquilles, ils projettent en avant leurs pattes postérieures de manière à ce qu'elles paraissent être des pattes de devant. On les voit souvent à la surface de l'eau, la tête en bas, et rester dans cette position jusqu'à ce qu'un mouvement se produisant à l'entour les fasse se précipiter au fond. *C. Geoffroyi*, 13 mill., d'un jaune grisâtre luisant, tête jaune avec le milieu brunâtre, yeux gris ; corselet brunâtre avec quinze ou seize lignes jaunâtres, fines, transversales ; élytres brunâtres, piquetées de jaune grisâtre ; dessous jaune, milieu du sternum noir, segments abdominaux bruns à la base, pattes fauves ; toute la France.—*C. hieroglyphica*, 5 1/2 à 6 mill., d'un blanc grisâtre, corselet ayant de sept à neuf lignes noires, fines, entières, parfois raccourcies ; élytres à bandes et à lignes noirâtres ; séparation de la membrane large, blanchâtre ; membrane à stries presque effacées, parallèles au bord ; milieu de la poitrine noir ou brun ; France méridionale.—*C. striata*, 7 mill., brunâtre ; corselet ayant de six à neuf lignes jaunes transversales, aussi larges que les bandes brunes ; élytres à lignes presque parallèles, mais angulées, inégales, étroites, base jaunâtre ; ligne de la membrane jaune et noire, étroite ; membrane à dessins fins, enchevêtrés, le bord étroitement noir ; milieu de la poitrine noir ; répandue partout. — *C. coleoptrata*, 3 1/2 mill., d'un jaune luisant, yeux, corselet et élytres brunâtres, ces dernières bordées de jaunâtre avec trois lignes longitudinales de même couleur ; corselet sans bandes transversales, ayant en avant une courte carène ; dessus du corps ponctué, front plat dans les deux sexes, milieu de la poitrine et base de l'abdomen, noirs ; toute la France.

2e DIVISION. — HOMOPTÈRES.

Cette division, moins nombreuse que la première, renferme les hémiptères dont les élytres présentent une consistance homogène, sans distinction entre la corie et la membrane, et dont le rostre naît à la partie inférieure de la tête, au-dessous des yeux. Quelquefois les élytres sont coriacées, mais le plus souvent elles sont presque transparentes. Tous ces insectes vivent sur les végétaux, et quelques-uns, de petite taille, sont souvent très abondants sur les buissons et dans les prairies. Les cigales seules atteignent une grande taille et sont bien connues par leur cri, fort injustement qualifié de chant.

Tous les homoptères sautent avec facilité et souvent avec force.

I. Pattes prismatiques.
A. Antennes insérées sous les yeux.
a. Front séparé des joues par un rebord tranchant. Deux ocelles sur les joues. Jambes postérieures à cinq ou six épines en dessus. — FULGORIDES.
b. Front non séparé des joues par un rebord tranchant. Deux ocelles entre les yeux et les antennes. Vertex plan. . . . . — TETTIGOMÉTRIDES.
B. Antennes insérées au devant des yeux.
a. Corselet prolongé au-dessus de l'abdomen. — MEMBRACIDES.
b. Corselet non prolongé en arrière.
*. Toutes les pattes inermes. Elytres parcheminées. . . . . — ULOPIDES.
**. Pattes postérieures aplaties, fortement dentées en dehors. Corselet à deux oreillettes. — LÉDRIDES.
***. Pattes postérieures ayant une double rangée d'épines. . . . . — TETTIGONIDES.

II. Pattes cylindriques, parfois finement carénées.

A. Deux ocelles. Pas d'organes de chant. Elytres opaques.. . . . . CERCOPIDES.

B. Trois ocelles. Des organes de chant. Elytres transparentes . . . . CICADIDES.

FAMILLE DES FULGORIDES

Cette famille, dont les espèces sont si nombreuses et si curieuses entre les tropiques, n'est représentée en France que par quelques insectes bien dégénérés, dont un seul rappelle en petit les Fulgores exotiques. Ils sont caractérisés par les antennes placées sous les yeux, les ocelles situés sur les joues au-dessous des yeux, et le front séparé des yeux par un rebord tranchant. Leur tête présente une ou plusieurs carènes longitudinales et quelquefois une saillie conique ; la face est, à sa partie inférieure, dirigée obliquement en dessous ; les joues sont creuses, le corselet ne se compose plus uniquement du prothorax qui ne forme qu'une bande étroite en avant, la majeure partie est formée par le mésothorax, avec l'écusson en arrière ; le bord extérieur est fortement arqué, presque anguleux ; les jambes sont prismatiques, les postérieures munies de quelques épines et terminées par une rangée de petites épines qu'on retrouve au bout des deux premiers articles des tarses ; tous sautent avec force.

I.	Antennes ne dépassant pas le bord des joues.	
A.	Jambes antérieures non élargies en lame.	
a.	Tête prolongée en avant des yeux en saillie conique	Dictyophana.
b.	Tête petite, non prolongée en avant, obtuse.	Cixius.
B.	Jambes antérieures dilatées en lame. . . .	Caloscelis.
II.	Antennes dépassant le bord des joues.	
A.	Pro et mésothorax séparés par une ligne transversale un peu arquée, non saillante.	
a.	Jambes antérieures dilatées.	Asiraca.
b.	Jambes antérieures non dilatées	Delphax.
B.	Pro et mésothorax séparés par une ligne transversale arquée, saillante.	
a.	Tête très obtuse. Des ailes	Issus.
b.	Tête tronquée. Pas d'ailes.	Hysteropterum.

Le G. **Dictyophana**, modeste représentant d'un groupe qui renferme des Homoptères de grande taille et portant sur leur tête des renflements ou des prolongements si bizarres, est un insecte fort élégant ; sa tête est prolongée en saillie assez grande, obtuse, carénée ; les yeux sont gros, peu saillants ; les antennes petites, à 2e article presque sphérique, le dernier très fin ; le corselet présente trois lignes élevées, qui sont la base des ocelles de la tête ; les élytres sont transparentes, à fine réticulation, bien plus grandes que l'abdomen, qui est court, conique ; les pattes sont grêles, assez longues, surtout les postérieures, et épineuses. *D. europæa*, 8 mill., d'un vert très clair, appendice céphalique à peine plus long que la tête, en pointe obtuse, prismatique ; France centrale et méridionale, dans les endroits chauds et sablonneux ; peu commune. A été trouvé aux environs de Paris, à Montmorency.

Le G. **Cixius** a la tête très petite, étroite et assez courte, avec les yeux assez gros et la face tricarénée, ces carènes très marquées ; les antennes sont insérées au dessous et assez loin des yeux, le corselet est très court, le bord postérieur est échancré fortement en angle aigu, relevé sur les bords ; le mésothorax a trois ou cinq carènes assez bien marquées, presque parallèles, qui disparaissent chez quelques espèces ; les élytres sont ordinairement hyalines, très amples, s'élargissant rapidement dès leur base, presque tronquées à leur extrémité, à nervures saillantes, ponctuées de brun ou de noir ; les cellules basilaires sont très longues et larges, les terminales sont allongées, régulières ; l'abdomen est large, déprimé, portant souvent à l'extrémité, chez les ♀, un paquet de bourre cotonneuse, comme on en voit, en bien plus grande proportion, chez les Fulgorides exotiques. Ces insectes, abondants sur les terrains chauds et sablonneux, sautent avec beaucoup de force ; leurs élytres présentent des fascies brunâtres assez variées. *C. nervosus*, 9 mill., tête rousse, avec deux points sur le vertex et deux sillons frontaux, noirs ; corselet roux, mésothorax noir, élytres hyalines, ayant, avant le milieu, une petite bande transversale brunâtre, peu marquée ; un point brun assez large, près de la côte externe, vers l'extrémité, et quelques petites taches noirâtres vers la base ; poitrine jaunâtre, tachée de brun ; abdomen noir, tacheté de brun sur les côtés ; pattes roussâtres ; toute la France. — *C. pilosus*, 5 à 6 mill., roux, thorax noir, avec la bordure antérieure et la carène médiane rousses ; élytres ordinairement rousses, avec une teinte brunâtre à l'extrémité ; nervures très ponctuées de brun, quelquefois beaucoup plus claires, avec de vagues fascies brunes ; toute la France. — *C. obsoletus*, 4 1/2 mill., noir, un fin liseré autour des yeux, bord antérieur du thorax et jambes d'un jaune pâle, thorax sans carènes, élytres transparentes, un peu laiteuses, à fines nervures lisses; commun partout. — *C. quinquecostatus*, 5 à 6 mill., d'un brun noirâtre, une étroite bordure autour du vertex et des yeux, bord antérieur du thorax, jambes et extrémité de l'abdomen, roux; thorax à cinq carènes, élytres transparentes, à nervures fines, roussâtres et finement ponctuées de brun à la base, brunâtres à l'extrémité; toute la France.

A côté des *Cixius* vient se placer un genre de forme très anormale. **Caloscelis**, fort remarquable par ses pattes antérieures longues, comprimées, formant une espèce de palette membraneuse, dentelée sur les bords; le front est très court, les élytres sont petites, n'ayant que deux nervures longitudinales. *C. heterodoxa*, 2 1/2 mill., d'un noir brillant, poitrine roussâtre, ainsi que les élytres, dont le bord externe et une bande médiane sont bruns; pattes roussâtres, avec la dilatation des tibias antérieurs noirâtre; France méridionale rare.,

Les **Asiraca** sont bien remarquables par leurs antennes longues et robustes, atteignant presque la moitié du corps et insérées dans une forte échancrure des yeux; le 1er article, beaucoup plus long que le suivant, est comprimé, caréné, le suivant est presque cylindrique, aplati en dessus et porte une soie terminale; la tête est petite, courte, carénée; les élytres sont transparentes, très brillantes, grandes, à nervures grosses, saillantes, granuleuses; les pattes sont assez grandes, les antérieures aplaties, foliacées, les postérieures sont épineuses avec une longue épine à l'extrémité des tibias. Ces insectes sautent avec une grande force; on les trouve dans les champs un peu arides et sablonneux. *A. clavicornis*, 3 mill., d'un brun roussâtre; milieu de la poitrine, base des fémurs, extrémité des quatre tibias antérieurs, blanchâtres; élytres pointillées de brun; une bande oblique transversale, près de l'extrémité, brune; dans les clairières, rare. — *A. crassicornis*, 2 1/2 mill., d'un gris roussâtre, élytres ayant une bande sinueuse et angulée, noire, ainsi que le bord postérieur; sur les roseaux.

Les **Delphax** forment un genre très nombreux et dont les espèces sont difficiles à distinguer; leur tête est très étroite, carénée avec les angles latéraux saillants; les yeux sont gros, les antennes, assez grandes et épaisses, sont insérées dans une échancrure des yeux; le 1er article est court, le suivant très long, gros, terminé par une soie; le corselet est court, le mésothorax pointu et tricaréné comme le corselet; les élytres sont plus ou moins longues, dépassant parfois l'abdomen chez les ♂, ordinairement beaucoup plus courtes que l'abdomen dans les deux sexes, et ces insectes présentent les individus brachyptères comme formant la règle générale; ceux à élytres complètes sont extrêmement rares, sauf dans quelques espèces chez lesquelles au contraire on ne trouve guère que des macroptères; l'abdomen est ovalaire et présente, chez les ♀, deux plaques en forme de carène sillonnée au milieu; dans les deux sexes, une pointe de chaque côté de l'extrémité de l'abdomen; les pattes sont assez grêles, les jambes postérieures ont une épine au milieu et deux autres épines, dont une très longue, à l'extrémité. On trouve ces insectes dans toutes les localités, même les plus arides; mais ils sont plus nombreux dans les endroits frais et dans les pays tempérés et septentrionaux. *D. fuscovittata*, 5 mill., allongée, tête pointue, d'un fauve pâle, avec les côtés de la tête et des bandes sur le corselet, roux; élytres brillantes, un peu enfumées, dépassant de beaucoup l'abdomen, à nervures plus claires, et ayant en dedans une étroite bande brune longitudinale qui se perd avant la base; toute la France. — *D. limbata*, 3 mill., oblongue, d'un fauve pâle, tête et base du corselet, rousses; ailes dépassant l'abdomen, transparentes, un peu blanchâtres, à nervures ponctuées de brun et ayant une petite bande enfumée, arquée, avant l'extrémité; dessous noir, pattes roussâtres; toute la France. — *D. pteridis*, 2 1/2 à 3 mill., oblongue, ovalaire, tantôt entièrement jaune, tantôt avec les élytres et le dessus de l'abdomen, noirs; tête très obtuse, corselet non caréné, élytres très courtes, n'atteignant pas le milieu de l'abdomen, celui-ci gros, caréné au milieu; toujours brachyptère; commune sur les fougères. — *D. hamata*, 2 à 2 1/2 mill., même forme, d'un fauve pâle, tête rayée de noir, obtuse, ♂ abdomen noir, terminé par deux grosses dents saillantes; front ayant de fines carènes verticales, corselet faiblement caréné au milieu ainsi que l'abdomen, élytres à nervures saillantes, dépassant le milieu de l'abdomen; toujours brachyptère; toute la France, dans les prairies sèches.

Le G. **Issus** a la tête assez grosse, transversale, triangulée en avant, ayant en travers une ligne un peu élevée et sur la face une carène longitudinale; les yeux sont gros, les antennes très courtes, à 3e article très petit et presque caché; le corselet est presque en losange, large, court, rebordé en avant; le mésothorax est également large et court; les élytres sont assez coriaces, très amples, un peu convexes, s'élargissant rapidement dès la base, arrondies anguleusement sur le bord latéral, puis un peu sinuées avec l'extrémité arrondie, à nervures très fortes, longitudinales, les intervalles réticulés; l'abdomen est gros et court, les pattes sont assez fortes. *I. coleoptratus*, 6 mill., d'un roussâtre ou d'un fauve un peu verdâtre, peu brillant, milieu et côtés de la face, côtés du corselet, bruns, ponctués de roussâtre; élytres à nervures finement piquetées de brun, ayant sur le disque un point brunâtre peu marqué, quelquefois une tache pâle avant le milieu, sur le bord externe; toute la France, dans les endroits secs ou sablonneux.

Les **Hysteropterum** diffèrent des *Issus* par le corps plus court, plus trapu, la tête plus nettement tronquée, les élytres moins rétrécies en arrière, les ailes nulles ou rudimentaires, le front plus perpendiculaire. *H. grylloide*, 5 mill., d'un jaunâtre pâle, comme parcheminé; vertex séparé du front par une arête presque droite, tranchante; bord antérieur du corselet anguleusement arrondi, élytres sans taches, à nervures régulières; France méridionale. — *H. immaculatum*, 4 mill., d'un fauve très pâle, sans taches; diffère du précédent par la taille plus petite, la teinte moins jaune, le front plus convexe, ayant de chaque côté une carène arquée; diffère du suivant par la taille plus grande, la coloration fauve et le bord antérieur du corselet angulé; les nervures transversales sont très marquées; France méridionale, Pyrénées-Orientales. — *H. reticulatum*, 3 1/2 mill., d'un grisâtre un peu fauve, presque mat, très finement ponctué de brun, de très petites taches brunes le long du bord apical des élytres, se perdant vers le milieu du bord externe, bord antérieur du corselet arrondi, nervures des élytres moins régulières, reliées par des nervures transversales aussi saillantes, irrégulières; France méridionale, Hautes-Alpes, assez commun.

FAMILLE DES TETTIGOMETRIDES

Cette famille ne contient qu'un genre qui se rattache à la précédente par l'insertion des ocelles et des antennes sous les yeux; mais il s'en éloigne par la forme aplatie du front qui n'est pas séparé des joues par un rebord tranchant.

G. **Tettigometra**. — Corps oblong, ovalaire, assez déprimé; tête un peu triangulaire, à bord tranchant; yeux ovalaires assez grands, ocelles placés entre les yeux et les antennes, élytres assez coriaces, couvertes à la base par une écaille humérale, se terminant en pointe arrondie; abdomen aplati, pattes courtes et fortes, assez aplaties. *T. virescens*, 4 mill., d'un vert jaunâtre, passant parfois entièrement ou partiellement au rougeâtre, abdomen ordinairement jaune. — *T. impressopunctata*, 4 mill., d'un brun un peu roussâtre; ponctuée, élytres très densément ponctuées, presques mates; toute la France. — *T. sulphurea*, 6 mill., d'un jaune soufre ou citron, abdomen brun, ponctuation extrêmement fine, serrée; tête très plane en dessus, très angulée en avant; France méridionale.

FAMILLE DES MEMBRACIDES

Cette famille, créée pour le genre *Membracis*, ne renferme que de nombreuses espèces exotiques; elle est remarquable par le développement du corselet qui, tantôt atteint l'extrémité de l'abdomen, tantôt ne dépasse pas le milieu. Ce seul caractère suffit pour distinguer nettement ce groupe de tous les autres. La tête est grande, triangulaire, perpendiculaire; les yeux sont gros, les élytres sont transparentes et présentent généralement cinq cellules; les pattes sont robustes.

Le G. **Centrotus**, qui compose seul cette famille en Europe, a la tête large, triangulaire, aplatie et presque foliacée de chaque côté; les yeux sont gros, ovalaires; le corselet est armé de chaque côté d'une dent et se prolonge en arrière en une pointe très aiguë postérieurement, laissant voir l'écusson en dessous; les élytres sont plus ou moins transparentes, à cinq cellules terminales, allongées; les pattes sont assez courtes, garnies de soies; les tarses sont allongés. *C. cornutus*, 8 mill., brun, à poils d'un roux doré, couchés, peu serrés; élytres roussâtres; angles latéraux du corselet, larges; au-dessus une corne comprimée, aplatie à la base; corne postérieure ondulée, comprimée à l'extrémité, presque aussi longue que l'abdomen, distante du dernier; assez commun, dans les bois, surtout sur les chênes. — *C. genistæ*, 4 mill., brun, assez velu, très ponctué; élytres roussâtres, corselet très convexe, à angles latéraux à peine saillants, se prolongeant postérieurement en une épine large à la base, aiguë à l'extrémité, couvrant presque l'écusson et touchant presque l'abdomen; dans les bois, médiocrement commun; toute la France.

FAMILLE DES ULOPIDES

Cette famille n'est représentée que par le genre **Ulopa**, bien reconnaissable à son corps convexe, à élytres coriacées, avec de fortes nervures; a sa tête assez grande, arquée et un peu tranchante en avant, avec deux grandes fossettes; les yeux débordant le corselet, les ocelles peu visibles, situés sur le milieu calleux du vertex; le front gonflé, presque carré; les jambes postérieures ont en dessus quelques petites épines peu distinctes, le 1er article des tarses postérieurs est plus long que le dernier. *U. reticulata*, 3 mill., oblongue, un peu courte, très convexe, un peu comprimée, surtout en arrière, d'un roux un peu brunâtre, marqué de gris; partie postérieure des élytres grisâtre, nervures rousses, tête marquée de deux grandes fossettes, yeux gros, saillants; corselet ayant deux fossettes plus petites, élytres assez fortement et densément ponctuées; commun sur les bruyères. — *U. trivia*, 3 mill., plus comprimée en arrière, d'un jaunâtre très clair, deux grandes taches sur la tête et sur le corselet d'un brun foncé, ainsi que trois bandes sur chaque élytre, l'interne se prolongeant sur l'écusson; ponctuation bien plus fine, plus serrée; ♀ d'un jaunâtre clair, sans taches ni bandes, les nervures seules un peu plus brunes, la tête plus arrondie; dans les endroits sablonneux, au pied de diverses plantes; toute la France.

FAMILLE DES LEDRIDES

Le G. **Ledra**, qui représente seul ce groupe, est bien remarquable par les deux oreillettes arrondies du corselet et par la tête, aussi large que le corselet, aplatie et tranchante en avant; les yeux sont petits, peu saillants, les antennes sont insérées sous le rebord de la tête; les deux premiers articles sont globuleux; les élytres sont grandes, dépassant de beaucoup l'abdomen, presque parallèles, arrondies à l'extrémité, assez coriaces, à nervures saillantes et réticulées; l'abdomen est court, aplati sur les côtés; les pattes sont de moyenne longueur, les postérieures plus longues que les autres; les tibias dilatés en dehors, épineux et frangés. *L. aurita*, 12 à 16 mill., d'un gris verdâtre piqueté de brun, une tache vague plus pâle, à la base des élytres, leur extrémité également plus pâle; dessous du corps jaunâtre, bord antérieur de la tête tranchante, en angle obtus au milieu; rare, sur les chênes. Toute la France, saute avec une grande force.

FAMILLE DES TETTIGONIDES

Cette famille renferme les Homoptères dont les jambes postérieures plus ou moins comprimées, parfois même élargies à l'extrémité, ont quatre arêtes plus ou moins épineuses; le 1er article des tarses postérieurs est aussi long, rarement plus long, que les deux suivants réunis. Les ocelles varient beaucoup de position et disparaissent dans certains genres. La tête aussi présente des formes très variées, le plus souvent triangulaire, parfois arrondie, ne formant qu'un étroit bandeau devant le corselet, tantôt élargie en lame membraneuse et tranchante. Beaucoup des insectes de cette famille sont de très petite taille et quelques-uns apparaissent parfois en grande quantité, surtout à la fin de l'automne. C'est dans les prés, dans les terrains humides et sur les buissons un peu bas qu'on en rencontre le plus grand nombre.

I. Ocelles placés près de la tranche du vertex.
A. Tête en lame mince, très saillante. Yeux englobés dans le rebord de la tranche. . . EUPELIX.

B. Tête simplement triangulaire, non en lame. ACOCEPHALUS.

II. Ocelles placés sur la saillie du vertex, rapprochés des yeux, ou manquant quelquefois.

A. Bord du vertex faiblement canaliculé, avec une ou deux fines carènes parallèles. . . . SELENOCEPHALUS.

B. Bord du vertex tranchant ou obtus, mais sans sillon ni carènes.

a. Tête obtuse. Front étroit. Face carénée, plus longue que large . . . . THAMNOTETTIX.

b. Tête triangulaire, peu pointue. Front large. Face non carénée, plus courte. . . . . . . ATHYSANUS.

c. Tête obtusément arrondie. Face non carénée.

*. Ocelles indistincts ou marqués par une petite fossette. Vertex plus court que le corselet. . . . . TYPHLOCYBA.

**. Ocelles visibles. . . . . JASSUS.

d. Tête en triangle pointu. Face non carénée. DELTOCEPHALUS.

III. Ocelles placés sur le front, entre les yeux, parfois rapprochés du bord du vertex. Vertex étroit, le plus souvent parallèle au bord du corselet.

A. Suture frontale prolongée jusqu'à l'ocelle. IDIOCERUS.

B. Suture frontale prolongée jusqu'au scrobe.

a. Elytres à suture imbriquée à l'extrémité. . BYTHOSCOPUS.

b. Elytres à suture droite. . . . . AGALLIA.

IV. Ocelles placés sur le disque du vertex, éloignés des yeux et du bord du vertex.

A. Front caréné. Elytres à suture droite, plus courtes ou à peine plus longues que l'abdomen. . . . . EVACANTHUS.

B. Front non caréné.

a. Elytres à suture imbriquée. Corps ovalaire. Elytres courtes, ne dépassant guère l'abdomen. . . . . PENTHIMIA.

b. Elytres à suture droite. Corps allongé. Elytres dépassant notablement l'abdomen.

*. Corselet à peine sinué à la base . . . . . TETTIGONIA.

**. Corselet largement sinué à la base. Ocelles plus rapprochés des yeux, très petits. . . AGLENA.

Le G. **Eupelix** est remarquable par sa tête en forme de triangle aplati, plus large que le corselet, à bords presque foliacés, un peu concave au milieu et carénée longitudinalement en dessus et en dessous; les yeux sont petits, presque coupés en deux par le bord de la tête; le corselet est presque en carré transversal, un peu arrondi en avant, ayant au milieu une carène qui continue celle de la tête; l'écusson est court, les élytres sont allongées, bien plus longues que le corps, transparentes, avec des nervures très fortes, saillantes. *E. cuspidata*, 5 mill., d'un jaunâtre tacheté de brun; tête grande, laminiforme, triangulaire, un peu concave, marbrée de brun noir, débordant un peu les yeux; le corselet, court, en carré transversal, légèrement caréné au milieu, brun; élytres à nervures finement piquetées de brun, pattes pâles, cuisses brunes; assez rare partout.

Les **Acocephalus** ont le corps oblong, ovalaire; la tête, grande, en triangle à peine obtus; les yeux débordant un peu le corselet, un peu allongés, le bord est tranchant; le corselet est court, largement arrondi en avant, faiblement sinué à la base, les côtés sont courts, droits, mais séparent sensiblement les yeux des élytres; l'écusson est large, très pointu; les élytres sont en toit, assez courtes, arrondies chacune à l'extrémité; la suture est droite jusqu'au bout, les jambes postérieures sont longues, un peu arquées, garnies d'épines fortes, médiocrement serrées. *A. striatus*, 6 à 8 mill., ♂ plus petit, d'un brunâtre fauve, avec la base de la tête, une bande transversale sur le corselet, et les nervures des élytres d'un fauve pâle; tête finement striolée en long, le corselet en travers, élytres finement coriacées; ♀ plus grande, d'un roux brunâtre, avec quelques marbrures brunes sur les nervures des élytres; tête plus triangulaire, plus saillante et plus relevée en devant; élytres plus longues; commun partout. — *A. rivularis*, 3 mill., d'un brun noir, une bande transversale, arquée sur la tête, deux bandes transversales sur le corselet et les nervures des élytres d'un fauve pâle ; écusson roussâtre avec une tache noire à la base; ♀ un peu plus grande, plus pâle, sans bande transversale sur la tête ou le corselet; rare ; France septentrionale. — *A. polystylus*, 3 mill., d'un roux cannelle parfois un peu brunâtre; élytres ayant trois bandes transversales brunes, mal limitées, la première surtout, plus pâle et presque partagée en deux, deux taches brunes en avant du corselet et deux points noirs à la base de l'écusson; peu commun. — *A. bifasciatus*, 4 mil., assez court, d'un brun noir ; corselet brunâtre en avant, d'un fauve très pâle ou blanchâtre à la base ; élytres brunes avec deux larges fascies transversales blanchâtres, les nervures très saillantes; pattes rousses, extrémité des jambes et les jambes postérieures noirâtres; presque toute la France, rare.

Les **Selenocephalus** ont le corps plus large et plus trapu que les *Acocephalus*, leur tête est aussi large, mais bien plus courte et forme un bandeau arrondi, à peine un peu obtus au milieu; le bord est tranchant, sillonné transversalement et ayant en dessous un sillon parallèle au bord du vertex ; les ocelles sont placés dans le premier sillon, près des yeux, et difficiles à voir ; le corselet est largement arqué en avant, largement sinué à la base, avec les côtés courts, assez arrondis ; l'écusson très large, les élytres sont grandes, arquées au bord externe, à nervures assez saillantes ; les jambes postérieures sont grandes, comprimées, carénées, avec deux rangées d'épines fines, mais serrées. *S. obsoletus*, 8 à 8 1/2 mill., d'un fauve assez brillant, finement ponctué de brun, ces points se réunissant pour former quelques taches vagues qui donnent un aspect marbré ; corselet finement striolé en travers, derrière un sillon arqué transversalement, assez profond ; écusson déprimé au milieu ; toute la France, peu commun.

Les **Thamnotettix** ont le front étroit, la face plus longue que large, la tête de forme variable, tantôt obtusément angulée en avant, tantôt largement arrondie ; le corselet largement sinué à la base et les élytres ne se recouvrant pas à l'extrémité ou à peine sensiblement. *T. quadrinotata*, 4 mill., d'un jaune, avec le corselet un peu obscur au milieu ; les élytres transparentes, à nervures jaunes ; sur la tête, quatre gros points noirs ; dessous du corps noir ; commune partout. — *T. tenuis*, 3 1/2 mill., d'un fauve brillant, avec des points et des dessins noirâtres sur la tête ; corselet finement striolé en travers, un peu obscur sur le disque ; élytres transparentes, à nervures fauves, avec quelques points bruns ; dessous noir, front à lignes transversales noires ; commune. — *T. picta*, 5 mill., noire, brillante, vertex roux en grande partie, corselet fauve, un peu noirâtre au milieu ; écusson bordé de fauve, élytres à nervures blanchâtres, les intervalles variés de roux et de noirâtre ; pattes fauves à bandes noires ; peu commune. — *T. fenestrata*, 3 mill., petite, très élégante, d'un brun noir brillant, plusieurs petites taches transparentes presque à l'extrémité des élytres, une autre très petite vers le milieu de la suture et une autre après le milieu du bord externe ; les quatre pattes antérieures jaunes ; assez rare.

Les **Athysanus** diffèrent des *Thamnotettix* par le front large, ayant en haut trois ou quatre fois la largeur de la base ; la face est plus courte, un peu plus longue ou aussi longue que large ; la tête est très obtusément angulée, les ocelles sont situés près des yeux, sur le bord ; les élytres se recouvrent à l'extrémité de la suture : ce sont des insectes d'un fauve brillant, parfois légèrement verdâtre ; leurs espèces sont nombreuses et difficiles à distinguer. *A. plebejus*, 4 mill., assez court, d'un fauve grisâtre clair, avec la tête roussâtre ; disque du corselet plus ou moins enfumé, élytres parsemées de taches formées par de petits points bruns, très variables, souvent presque nulles ; dessous et pattes roussâtres, ces dernières ponctuées de brun ; tarses noirâtres; commun partout. — *A. variegatus*, ressemble beaucoup au précédent, en diffère par la tête ponctuée de brun, avec deux gros points noirs en avant, et le corselet également ponctué de brunâtre; assez commun. — *A. sexnotatus*, 3 1/2 mill., d'un jaunâtre pâle, brillant ; élytres plus claires, un peu irisées ; deux points noirs sur le vertex et quatre autres sur le bord même, deux autres à la base de l'écusson; commun partout. — *A. subfusculus*, 7 mill., plus allongé, d'un roussâtre brillant, parfois légèrement rougeâtre ou un peu brunâtre ; corselet finement striolé en travers, écusson ayant vers le milieu une petite impression arquée; assez commun. — *A. argentatus*, 6 1/2 mill., d'un blanchâtre fauve très clair, plus clair encore sur les élytres, dont les nervures sont rousses et le bord externe formant une bande d'un blanc roussâtre très clair, une ligne noire arquée, transversale, entre les yeux; trois linéoles et quelques points obscurs sur le corselet; France boréale, peu commun.

Les **Typhlocyba** se distinguent par les ocelles qui sont ou indistincts, ou situés un peu au-dessous du rebord du vertex ; ce sont des insectes de petite taille, de consistance très molle, et que l'on rencontre souvent en assez grand nombre dans les prairies et sur les buissons en automne. Leur tête est obtuse, un peu plus étroite que le corselet, dont le bord postérieur est presque droit. *T. sexpunctata,* 3 1/2 mill., d'un jaunâtre très clair, avec deux points sur le devant de la tête, quatre sur le devant et un de chaque côté du dos du corselet, et deux à la base de l'écusson, d'un beau noir ; élytres un peu laiteuses, à nervures blanches et avec quelques taches brunâtres; France boréale. — *T. rosæ,* 4 mill., d'un roux très clair, plus faible encore sur les élytres, qui sont presque transparentes et irisées à l'extrémité ; commune sur les rosiers. — *T. sulphurella,* 3 1/2 mill., entièrement d'un beau jaune clair brillant, le corselet et le dessus de la tête presque blancs, extrémité des élytres plus claire ; commune en automne sur les troncs d'arbre. — *T. lunaris*, 3 1/4 mill., allongée, comprimée en arrière, d'un jaune clair, deux points noirs sur le vertex, corselet avec quelques dessins carminés, corselet un peu carminé, avec deux gros points noirs à la base ; élytres d'un blanc un peu rembuni, avec une fascie carminée commençant entre l'épaule et l'écusson, se joignant à l'autre d'abord, avant le milieu, en formant une grande tache commune blanche sous-scutellaire, puis après le milieu; France méridionale. — *T. blandula,* 3 mill., d'un jaune très clair, élytres presque blanches, une bande longitudinale vermillon sur la tête, le corselet et l'écusson ; sur chaque élytre, deux traits obliques de même couleur ; France méridionale. — *T. tiliæ*, 3 mill., même genre de coloration, mais deux lignes rouges sur la tête, quatre sur le corselet, deux taches sur l'écusson et sur chaque élytre, deux bandes un peu obliques; toute la France. — *T. aurata*, 3 à 3 1/2 mill., d'un jaune clair, deux grosses taches noires sur le vertex et une de chaque côté du corselet et de l'écusson ; élytres tantôt jaunâtres à la base, tantôt presque hyalines, teintées de brun vers l'extrémité et le milieu, avec un point près de l'écusson, un autre vers le milieu de la suture et un autre au bord externe, noirs ; très commune sur les orties.

Les **Jassus** sont des insectes élégants ressemblant beaucoup aux *Bythoscopus* et n'en différant guère que par les joues qui sont larges au lieu d'être étroites et linéaires, ce qui les distingue aussi des *Cicadula ;* le 1er article des tarses postérieurs est un peu plus long que les deux suivants réunis ; la tête est courte, en bandeau faiblement obtus en avant. *J. atomarius*, 6 à 9 mill., oblong, d'un fauve grisâtre clair, très brillant, un peu marbré de brunâtre ; élytres un peu brunâtres, avec quelques nervures longitudinales et plusieurs nervures transversales, surtout vers la suture, pâles ; côtés et extrémité un peu marbrés ; commun partout. — *J. mixtus*, 6 mill., d'un blanchâtre très faiblement jaunâtre, quelques taches et points bruns sur le front, corselet piqueté de brun et de fauve, écusson très variable, mais ayant toujours deux points noirs ; élytres fauves, piquetées et marbrées de brun noirâtre, avec les nervures très pâles ; pattes un peu marbrées ; commun partout. — *J. brevis*, 5 mill., bien plus court et trapu, ressemblant à un *Selenocephalus*, d'un brun noir brillant, avec le devant du corselet, les nervures des élytres et les pattes, roux, ou roux marbré de brun ; tête très obtuse et très courte, corselet finement striolé en travers, nervures des élytres un peu saillantes; toute la France.

Les **Deltocephalus** se reconnaissent à leur tête triangulaire, courte, assez pointue; leurs yeux grands, oblongs, peu convexes; le corselet très court, arqué en avant, presque droit à la base, à côtés nuls formant un angle; l'écusson est médiocre, les élytres sont assez courtes, les tarses postérieurs sont un peu comprimés, le 1er article aussi long que les deux précédents réunis. *D. pulicarius*, 2 à 2 1/2 mill., d'un brun noir, dessus d'un fauve grisâtre, élytres brunes, avec des nervures d'un fauve pâle et bordées de même couleur; abdomen annelé de fauve, pattes fauves et noires; commun partout. — *D. striatus*, 3 1/2 mill., d'un fauve extrêmement pâle, brillant; élytres à nervures plus pâles encore, avec les intervalles un peu obscurs; abdomen noir, pattes fauves; commun partout. — *D. abdominalis*, 4 mill., noir en dessous, dessus d'un vert-pré peu brillant, pattes fauves, ponctuées de noir; cuisses noires, sauf l'extrémité; élytres ayant à l'extrémité une étroite bordure brunâtre; assez commun. — *D. undatus*, 4 1/2 mill., d'un jaune très clair, parfois légèrement verdâtre, dessus du corselet et une bande suturale sur les élytres, large, angulée de chaque côté et allant jusqu'à l'extrémité de la suture, d'un rouge plus ou moins brun; tête brunâtre au milieu; peu commun, toute la France.

Les **Idiocerus** ont le corps en forme de coin allongé, la tête aussi large, ordinairement même plus large que le corselet, les yeux débordant de chaque côté, gros, angulés; le corselet fortement arqué au bord antérieur qui forme un angle assez aigu derrière les yeux en se joignant au bord externe très oblique et rentré en dedans, de telle sorte que l'œil est très rapproché de la base des élytres ; le bord postérieur est largement sinué, l'écusson très grand, les élytres transparentes, se recouvrant un peu à l'extrémité; les jambes postérieures sont assez densément ciliées. *I. populi*, 6 mill., d'un jaunâtre clair, parfois verdâtre, un peu brunâtre sur la moitié postérieure du corselet; écusson ayant deux grands points noirs à la base, élytres très brillantes, d'un fauve transparent, laissant voir l'abdomen brun en dessus; commun sur les peupliers, les aulnes, etc. — *I. lituratus*, même taille et même forme, d'un fauve très clair, très brillant, corselet presque entièrement brunâtre, écusson ayant à la base deux ou trois taches noires, au milieu une petite dépression avec un dessin noir, élytres à nervures brunes ou rousses, laissant voir l'abdomen d'un brun noirâtre ; toute la France.

Le G. **Bythoscopus** a pour caractères : la tête aussi large ou un peu plus large que le corselet, le bord antérieur convexe, le postérieur concave, la face presque rhomboïdale, tronquée, les yeux médiocres, les ocelles plus rapprochés des yeux qu'entre eux, les antennes de trois articles, insérées dans une fossette au-dessous des yeux, les deux premiers articles très courts, cylindriques, le dernier sétiforme presque aussi long que le corselet, celui-ci transversal ; les élytres plus longues que l'abdomen, assez épaisses ; l'écusson triangulaire, les jambes antérieures et intermédiaires inermes, les postérieures faiblement arquées, finement épineuses, l'extrémité avec une petite couronne de petites épines. Ces insectes volent et sautent très facilement et sont peu nombreux. Chez les uns la face est presque plane, la tête largement arrondie en avant, le corselet n'est pas angulé en devant et est coupé presque droit à la base : *B. lanio*, 7 à 8 mill., assez grand et trapu, tête et corselet larges, élytres amples, d'un vert clair, parfois roussâtre, avec la tête, le corselet et l'écusson plus ou moins marbrés de rougeâtre ou de brun ; toute la France, médiocrement commun. — Chez les autres la face est convexe, la tête un peu angulée, le corselet fortement angulé en avant et sinué au bord postérieur : *B. alni*, 5 mill., d'un jaune clair, face ayant deux taches noires obliques, quelques dessins bruns sur le front; corselet très finement striolé en travers ayant quelques points bruns ou rougeâtres au bord antérieur, écusson d'un brun foncé, parfois rougeâtre avec une tache plus foncée de chaque côté ; à la base et à l'extrémité deux petites taches jaunes ; élytres presque transparentes, à nervures brunes, saillantes ; pattes fauves, avec une petite ligne brune en dessus ; sur les pins, assez commun. — *B. flavicollis*, 5 mill., forme du précédent, tête un peu plus pointue ; d'un roux brunâtre clair avec une teinte verdâtre pâle à la base interne et sur le bord interne des élytres, écusson sans taches ; parfois entièrement roussâtre ou verdâtre ; pattes unicolores ; commun partout.

Les **Agallia** sont de petits *Bythoscopus* à corselet arqué en avant, coupé presque droit à la base, à côtés angulés s'arrondissant avec les angles postérieurs ; les ocelles sont plus rapprochés des yeux, la coloration est analogue, les élytres sont membraneuses, presque toujours complètes, à nervures fortes, ordinairement brunes ; les antennes sont à côté des yeux. *A. puncti-*

ceps, 4 mill., d'un blanc légèrement roussâtre, deux points noirs sur la tête et autant sur le corselet; élytres à nervures brunes, les internes plus largement que les autres ; côtés de l'abdomen noirâtres ; commune dans les endroits arides, notamment sur l'*Ononis natrix*. — *A. venosa*, 4 mill., d'un fauve grisâtre très pâle, deux points noirs et quelques marbrures sur la tête ; corselet ayant des linéoles brunes et deux points noirs peu distincts contre la tête, écusson ayant un petit point noir de chaque côté à la base, élytres à nervures brunes ; assez rare. — *A. reticulata*, 4 mill., roussâtre ; tête avec les deux points noirs et d'autres points bruns, corselet ayant une ligne médiane et deux petites taches brunes, élytres à nervures et à taches brunes, ces dernières s'effaçant en arrière ; écusson ayant à la base deux taches noires se joignant le long du corselet ; peu commune.

Le G. **Evacanthus** a le corps plus court, la tête plus triangulaire, plus saillante en avant et les ocelles sont placés très près du bord antérieur et non sur la ligne antérieure des yeux; les élytres, plus longues que l'abdomen chez les ♂, sont notablement plus courtes que l'abdomen chez les ♀, assez coriaces et brusquement arrondies à l'extrémité. *L. interruptus*, 5 mill., d'un jaune rougeâtre, avec la tête noire, tachetée de jaune ; le corselet tantôt presque entièrement noir, tantôt partagé de jaune et de noir; sur chaque élytre une bande oblique, large, d'un brun noir, de chaque côté de la suture et partant de la base, et souvent une autre bande de même couleur en dehors, partant de l'extrémité et n'atteignant pas la base; dessous jaune, extrémité de l'abdomen tachetée de noir en dessus ; assez commun sur diverses plantes, les orties, les *verbascum*, etc. — *E. acuminatus*, même taille ou un peu plus petite, roussâtre avec le corselet et le disque de la tête, noirs; élytres d'un brunâtre clair avec les nervures largement roussâtres, les ♀ moins teintées de noir; moins commun.

Le G. **Penthimia** offre un corps épais, assez convexe, ovalaire, lisse et luisant; la tête, presque aussi large que le corselet, est courte, arrondie en avant; les yeux sont grands, mais peu saillants; le corselet est court, large, échancré en arrière; l'écusson est assez large, obtusément triangulaire; les élytres recouvrant l'abdomen, s'élargissent un peu au delà du milieu et se recouvrent un peu à l'extrémité; elles sont coriaces et opaques; les pattes postérieures sont très longues, à double rangée d'épines grandes et fortes, frangées en outre de soies longues. — *P. atra*, 4 à 4 1/2 mill., entièrement noire, ayant souvent deux taches rouges sur le corselet qui est même parfois entièrement rouge; les élytres sont parfois entièrement roussâtres, ou un peu rougeâtres, avec la base et les nervures noires; commune partout.

Le G. **Tettigonia** a le corps allongé, la tête arrondie en avant, sillonnée transversalement au-dessous; les yeux sont peu saillants, les antennes, insérées dans une cavité près des yeux, sont terminées par une longue soie; le corselet est large, court, largement sinué en arrière; l'écusson est triangulaire, assez grand; les élytres sont opaques, allongées, bien plus longues que l'abdomen qui est aplati sur les bords; les pattes sont grêles, les postérieures plus longues que les autres, et prismatiques avec une double rangée d'épines longues et fortes; les tarses ont trois articles, le premier aussi long que les deux suivants réunis. — *T. virescens*, 6 à 8 mill., d'un vert pâle, mat, tête jaunâtre avec des points noirs en dessus; le devant du corselet pâle, jaunâtre ainsi que l'écusson, le dessous du corps et les pattes; les nervures des élytres brunes ou jaunâtres; les élytres, surtout chez les ♀, sont parfois entièrement brunes, avec l'extrémité plus claire; très commune dans tous les endroits frais.

Le G. **Aglena** diffère des *Tettigonia* par la tête un peu plus large que le corselet, ce dernier faiblement sinué au bord postérieur; le front convexe en longueur, un peu déprimé au milieu, ni caréné, ni sillonné; les ocelles sont situés tout près des yeux et les bords du vertex, mais presque indistincts, les élytres sont plus arrondies à l'extrémité en dehors. *A. ornata*, 7 mill., corps d'un noir médiocrement brillant; vertex ayant deux bandes transversales d'un roux pâle; corselet avec une bande latérale se prolongeant sur le bord antérieur, une bande médiane et deux taches d'un roux très pâle, élytres ayant une grande fascie humérale oblongue, une bande transversale avant l'extrémité et une étroite bande suturale d'un blanc soufré; genoux et dessous des jambes, roussâtres; Nice.

FAMILLE DES CERCOPIDES

Ces insectes, peu nombreux, ont les élytres assez fortes et opaques, le front renflé, les yeux assez gros et saillants, la tête tantôt petite, tantôt aussi large que le corselet, celui-ci hexagonal, s'avançant assez sur l'écusson; les élytres ont tantôt les nervures régulières, tantôt les nervures indistinctes; les jambes postérieures sont armées de deux épines, l'une vers la base, l'autre vers le milieu; les ocelles sont placés au milieu du vertex, entre les yeux. Les larves de plusieurs espèces, vivant sur les saules, s'enveloppent d'une écume qu'elles sécrètent et qui les fait ressembler à un crachat.

I. Bord antérieur du corselet saillant, en angle obtus. Bord du vertex tranchant. Tête plus ou moins triangulaire.

A. Vertex sans échancrure. Rostre atteignant l'extrémité des hanches intermédiaires. . . PTYELUS.

B. Vertex ayant de chaque côté une échancrure. Rostre atteignant l'extrémité des hanches postérieures. . . . . APHROPHORA.

II. Bord antérieur du corselet droit ou presque droit. Bord du vertex non tranchant. Front très renflé.

A. Tête angulée, un peu obtuse. Corselet à côtés droits, parallèles. Elytres fortement arquées et convexes. Coloration d'un fauve pâle. . LEPYRONIA.

B. Tête très obtuse, presque arrondie en avant. Corselet à côtés très obliques. Elytres légèrement arquées en dehors. Coloration noire et rouge. . . . . CERCOPIS.

Les **Ptyelus** ressemblent extrêmement aux *Aphrophora* et n'en diffèrent que par la tête plus anguleuse et plus tranchante au bord antérieur, dépourvue de carène sur le vertex et sur le front, et par les ocelles plus éloignés entre eux que des yeux; le bord postérieur du corselet est encore plus fortement échancré. — *P. spumarius*, 7 mill., brun, tête et bord antérieur du corselet roussâtres; sur chaque élytre une bande oblique pâle aboutissant presque au milieu du bord externe, une autre interrompue, transversale avant l'extrémité; dessous et pattes variés de brun et de fauve; extrêmement variable de coloration, plus souvent d'un brun roux clair avec les bandes des élytres plus ou moins distinctes, quelquefois simplement marbré de roux foncé et de pâle; très commun partout. — *P. lineatus*, 7 mill., d'un fauve clair, avec une bande d'un brun plus ou moins foncé sur le milieu du corselet, se prolongeant sur la suture des élytres; quelquefois une ligne brune, mince, partant de l'épaule, et allant, en s'élargissant, jusqu'à l'extrémité de l'élytre; également commun et aussi très variable.

Les **Aphrophora** ont le corps allongé, les élytres tectiformes, comprimées vers l'extrémité et un peu élargies au milieu; la tête est aussi large que le corselet, en angle obtus au bord antérieur, légèrement carénée au milieu; le corselet est transversal, presque heptagonal, angulé au bord antérieur, le bord postérieur coupé obliquement et un peu obtusément échancré sur l'écusson; les élytres sont assez coriaces et presque opaques, à nervures assez saillantes; les jambes sont prismatiques, les postérieures plus longues que les autres avec deux épines, l'une au milieu, l'autre au bout. Ces insectes sautent avec une grande force, comme du reste tous leurs congénères. Ils sont remarquables par les mœurs de leurs larves, qui s'enveloppent de bulles formant ces petits amas d'écume, ressemblant à des crachats, que l'on rencontre sur divers arbres, plantes et les luzernes, les saules notamment. — *A. bifasciata*, 10 mill., d'un brunâtre assez cendré, avec deux grandes taches externes sur les élytres en forme de bandes courtes, d'un fauve blanchâtre; écusson roussâtre, ainsi que deux macules peu distinctes sur la tête et sur le corselet; dessous roux, extrémité du rostre et des tarses noirâtres; très commune partout. — *A. salicina*, 10 à 11 mill., d'un fauve brunâtre, grisâtre, uniforme, sans bandes claires sur les élytres; également commune. — *A. corticea*, 11 mill., brunâtre, devant du corselet un peu roussâtre, un trait pâle de chaque côté de l'écusson; sur la tête trois bandes roussâtres, étroites; élytres densément ponctuées, ayant quelques taches un peu plus pâles et une impression le long du bord externe; commune dans le sud-ouest, sur les Pins maritimes.

Le G. **Lepyronia** se distingue du précédent par une forme plus ramassée, les élytres courtes, bombées, fortement arrondies sur les côtés; la tête est aussi plus anguleuse en avant; mais il n'y a pas d'autres différences caractéristiques. *L. angulata*, 4 à 6 mill., d'un fauve roussâtre assez terne avec une petite bande noirâtre coudée à angle aigu sur le bord externe de chaque élytre; pattes en dessous du corps brunes, base des cuisses, genoux et extrémité des jambes, roussâtres; ♂ beaucoup plus petit, à dessin des élytres plus marqué, la ligne angulée parfois à peine distincte chez les ♀; plus commune dans le centre et le nord.

Les **Cercopis** se reconnaissent à leur coloration, d'un noir foncé à taches rouges, plus rarement rouge, à taches noires; leur tête est triangulaire, moins large que le corselet, très carénée et arrondie en avant; les antennes sont courtes, insérées sous un rebord au devant des yeux, et terminées par une soie fine, plus longue que les articles réunis; le corselet est assez convexe, échancré en arrière, angulé de chaque côté, avec deux dépressions en avant; les élytres sont opaques, réticulées vers l'extrémité, plus larges et plus longues que l'abdomen, et elles sont enfumées; l'abdomen est court, aplati sur les côtés; les pattes sont assez grandes, les cuisses légèrement sillonnées en dessous, les jambes postérieures ont au milieu une ou deux fortes épines et sont terminées par une demi-couronne d'épines; les tarses sont longs et de trois articles. Ces insectes se tiennent sur les bruyères et autres plantes, dans les endroits un peu secs, et sautent avec une grande facilité. — *C. sanguinolenta*, 9 mill., d'un noir brillant, un peu bleuâtre; élytres ayant chacune trois taches d'un rouge de sang, les postérieures en bande transversale plus ou moins courte, très large, la tache discoïdale un peu carrée; commune dans toute la France. — *C. mactata*, 8 mill., plus courte, plus large, d'un noir moins bleuâtre et moins brillant; sur chaque élytre trois taches rouges, l'intermédiaire assez petite, ovalaire, la dernière en forme de bande assez étroite; genoux rouges, ainsi que les côtés de l'abdomen; élytres quelquefois entièrement noires; France méridionale. — *C. dorsata*, 7 à 8 mill., noire avec les élytres rouges ayant chacune une large bordure apicale et trois taches noires se touchant plus ou moins; bords de la Méditerranée; Savoie, Hautes-Alpes, sur les pins.

FAMILLE DES CICADIDES

UN SEUL GENRE

Les Cigales (**Cicada**) sont les géants de tout l'ordre des Hémiptères, même dans nos pays où elles sont encore loin d'atteindre la taille de certaines espèces exotiques. Ce sont des insectes au corps robuste, épais; leur tête est courte, aussi large ou presque aussi large que le corselet, formant en avant un angle très obtus; leurs yeux sont assez gros et saillants, les ocelles, au nombre de trois, sont disposés en triangle; la partie inférieure ou inclinée de la face est fortement convexe au milieu et striée en travers; les antennes sont courtes, insérées entre les yeux sous un rebord de la tête, composées de sept articles, le 1er épais, les suivants diminuant de grosseur, les derniers sétiformes; le rostre, de trois articles, dépasse un peu les hanches intermédiaires; le corselet est transversal, ne recouvre pas le mésothorax qui est très grand, bordé de chaque côté par un sillon profond et arqué; les élytres sont très grandes, transparentes, à nervures assez fines, mais robustes, formant sept cellules terminales, oblongues, et trois discoïdales, la basilaire étant souvent opaque; l'abdomen est court et gros, terminé en pointe; les pattes sont robustes, de taille médiocre; les hanches antérieures sont aussi longues que les cuisses qui sont robustes et munies de fortes épines en dessous; les tarses sont composés de trois articles. Ce sont des insectes propres aux contrées méridionales et bien connus par leur cri monotone et strident, d'autant plus bruyant que la chaleur est plus forte. Ce cri, bien mal à propos qualifié de chant par les anciens, est produit par un appareil spécial aux mâles; cet appareil est formé de quatre cavités principales, dont une dans le métathorax, et les trois autres dans l'abdomen; la 1re communique avec l'air atmosphérique par un grand stigmate vertical, les autres sont recouvertes par une plaque ou opercule, plus ou moins arrondi ou ovalaire, que l'on voit de chaque côté à la base de l'abdomen. Les deux cavités latérales de l'abdomen, qu'on peut appeler cavités sonores, sont profondes et formées par le tégument coriace de l'abdomen; elles sont séparées de la grande cavité thoracique chacune par une membrane convexe, fortement plissée en travers, sonore, appelée timbale, et du reste de l'abdomen par une cloison cornée. Ces cavités sont échancrées à leur partie inférieure de manière à communiquer avec l'air extérieur quand l'abdomen est relevé. La cavité intermédiaire présente dans le bas deux membranes ovalaires, irisées, très minces, que Réaumur appelle miroirs. La cavité thoracique communique avec l'abdomen par une large ouverture formée en bas et latéralement par deux muscles très robustes réunis à leur partie inférieure et terminés chacun par un disque qu'un tendon relie aux timbales. Les opercules ne sont destinés qu'à protéger les ouvertures de ces cavités et ne peuvent que modifier un peu le son. Quand on prend une Cigale mâle, elle jette d'abord des cris très forts et différents des sons qu'elle émet lorsqu'elle est libre; elle agite vivement l'addomen et les ailes dont les nervures basilaires et véticuleuses se renflent et s'affaissent alternativement; mais ces mouvements ne sont pas la cause du son, qui dépend absolument de la volonté de l'insecte, car ce dernier cesse souvent son cri sans cesser de se débattre et d'agiter l'abdomen et les ailes.

Les Cigales s'envolent avec une grande facilité, et il est difficile de les saisir, car elles se cachent quand elles voient qu'on les recherche et se taisent parfaitement à ce moment.

Leurs larves, qui vivent en terre, sans doute dans les vieilles souches d'arbres ou dans un terreau végétal, ne ressemblent guère à l'insecte parfait; elles sont grosses, assez courtes; leurs cuisses antérieures sont grosses, un peu comprimées, armées en dessous de fortes épines et semblent former une pince avec la jambe courte, arquée, très pointue, concave en dedans, et protégeant le tarse d'un seul article qui s'y trouve quelquefois presque caché. La forme de ces pattes antérieures varie du reste suivant les espèces.

Les cavités abdominales sont recouvertes par des opercules assez variables. Ils sont très grands et soudés au milieu chez l'espèce suivante :

C. plebeja, 45 à 50 mill., d'un fauve un peu grisâtre en dessous, noire en dessus, saupoudrée dans les endroits déprimés d'une pubescence farineuse, blanche; une tache au-dessus de chaque antenne et sur le milieu du front, d'un jaune d'ocre; corselet de cette dernière couleur avec des bandes noires sur les saillies, mésothorax noir bordé en arrière de jaune d'ocre, quelques bandes noires sur les cuisses antérieures et sur les jambes, base des élytres tachée de noir, leur côté externe jaune d'ocre, bordé de brun en dedans; tête très large, yeux très gros, cuisses antérieures armées de deux épines aiguës, écartées; très commune dans tout le midi de la France, son cri est assourdissant.

Ils sont plus petits, libres au milieu, soudés seulement en arrière chez la suivante : *C. orni*, 38 à 40 mill., plus allongée, plus cylindrique; d'un fauve un peu brunâtre, à fine pubescence soyeuse, argentée; corselet varié de noir, ayant au milieu une bande jaune bordée de noir; métathorax à grandes bandes noires, longitudinales, souvent confondues; abdomen annelé de brun en dessus, élytres transparentes, ayant, vers le milieu de la côte externe, un stigmate d'un jaune assez clair; quatre taches brunâtres sur les nervures d'anastomose, et sept taches beaucoup plus petites vers l'extrémité des nervures, de même couleur; pattes jaunes, cuisses antérieures à deux épines très courtes; très commune dans le midi de la France, surtout dans les Landes, sur les Pins maritimes.

Ils sont extrêmement petits, presque rudimentaires, chez les espèces suivantes, qui n'ont que deux épines ou même une seule aux cuisses antérieures. *C. hæmatodes*, 1 mill., noire, une petite tache au-dessus des antennes et au milieu du front; bord antérieur et postérieur du corselet et cinq stries, une large bordure apicale du mésothorax, d'un rouge un peu jaunâtre; segments abdominaux liserés de même couleur, base et nervures des élytres et des ailes de même couleur ainsi que les pattes qui ont quelques bandes noires; cuisses antérieures armées de deux épines très fortes; France méridionale, remonte jusqu'à Lyon et en Bourgogne; assez commune aux environs d'Auxerre; Fontainebleau.

C. cisticola, 30 mill., noire, à pubescence d'un gris soyeux; prothorax ayant une étroite bordure postérieure et une ligne médiane, rousses; mésothorax largement bordé de roux avec l'écusson et quelques macules dorsales, roux; segments abdominaux à bordure apicale rousse presque effacée au milieu, pattes rousses, genoux un peu obscurs, nervures rousses, la costale un peu enfumée à l'extrémité; ailes un peu rougeâtres à la base, avec une nervure presque noire; corselet à côtés presque droits, mais brusquement élargis à la base en oreillettes, non étranglé en avant; cuisses antérieures n'ayant qu'une épine, nervures basales des élytres également distantes à la base; France méridionale, rare. Ressemble en petit à la *C. hæmatodes*, en diffère par les cuisses antérieures n'ayant qu'une épine, par les côtés du prothorax profondément excisés avant les angles antérieurs, le prothorax maculé de roux et le bord externe des élytres plus arrondi. Les opercules sont bilobés.

Dans les espèces suivantes les cuisses antérieures ont trois dents, les opercules sont courts, mais assez larges.

C. atra, 27 mill., noire, à pubescence soyeuse, roussâtre; tête ayant quelques petites taches rougeâtres, prothorax ayant une étroite bordure postérieure, une bande médiane n'atteignant pas les bords, et de chaque côté, une grande tache transversale roussâtres; mésothorax ayant à la base deux petites linéoles roussâtres ainsi que les côtés et l'écusson, nervures des élytres, fauves, les deux externes un peu rapprochées; abdomen d'un brun rougeâtre, les segments plus foncés à la base; plus trapue que la *montana*, prothorax aussi large que le mésothorax, maculé de roux; segments abdominaux non nettement marginés, élytres plus larges, cellule basilaire plus courte, plus large; France méridionale. — *C. tomentosa*, 32 mill., noire; prothorax bordé de jaune, ligne médiane jaune, parfois obsolète, flancs d'un jaune orange, bordés de noir en dessous; les deux sillons du disque, noirs; mésothorax noir, les bords et deux traits jaunes, ainsi que les bords de la plaque scutellaire; front noir, à sillon assez large, sommet du vertex obtusément triangulaire, échancré et à lobes obtus; ventre jaune, segments noirs à la base, dessus de l'abdomen noir, segments marginés de jaune; élytres à cellule basilaire, extrémités des nervures intermédiaires, nervures apicales et anguleuses, noires; 1re cellule apicale légèrement enfumée aux nervures; France méridionale. — *C. montana*, 24 à 27 mill., noire, sans taches sur le thorax, seulement une étroite bordure rousse au-devant du mésothorax et à l'extrémité de l'écusson; segments abdominaux étroitement marginés de roux en dessus, en dessous un peu brunâtres à la base et surtout aux angles; cuisses à linéoles brunes, et à trois dents; prothorax plus étroit que le mésothorax, à côtés droits étranglé en avant avec des angles obtus, mais brusquement élargi de chaque côté à la base en oreillette tronquée; cuisses antérieures à trois épines, noires; Savoie, Bar-sur-Seine, Lardy, Toulouse. — *C. argentata*, 24 mill., même forme et même coloration, seulement l'écusson à bordure jaune plus large, remontant sur le sommet; côtés du prothorax plus arrondis, la pubescence plus marquée; quelquefois le prothorax est roux, varié de noir; le mésothorax a des bandes rousses et l'écusson est largement roux; France méridionale, Basses-Alpes; n'est probablement qu'une variété de la précédente.

3e DIVISION. — STERNORHYNQUES.

Cette division pourrait à la rigueur être regardée comme une section des Homoptères si l'on ne considère que la consistance des ailes; mais il y a de telles différences, d'abord dans l'insertion du rostre, puis dans le nombre des ailes, et enfin dans le mode de reproduction de ces insectes, qu'une division spéciale paraît bien motivée pour eux.

Ces insectes, de taille généralement fort petite, sont surtout caractérisés par l'insertion du rostre qui semble sortir du sternum, presque entre les pattes antérieures et intermédiaires. Déjà, dans la division précédente, on voit le rostre naître au-dessous de la tête, bien près des pattes antérieures; mais ici la rétrogression est encore plus marquée. En outre, beaucoup de femelles sont aptères, et souvent les mâles sont dépourvus de rostre et n'ont que deux ailes. Ces dernières présentent une innervation bien plus simple que celle des Homoptères, les nervures sont moins nombreuses, rarement bifurquées, et aboutissent au bord même de l'aile; souvent elles sont fort incomplètes.

Ces insectes sont, en grande partie, d'une petitesse qui rend leur étude difficile ; mais nous ne pouvons passer sous silence un groupe qui renferme les innombrables légions de pucerons, nuisibles à tant de plantes, et les cochenilles qui attaquent les végétaux de nos serres en même temps qu'elles fournissent des matières colorantes à la peinture et à l'industrie.

Cette division comprend trois familles :

I. Un rostre dans les deux sexes. Insectes sauteurs, toujours ailés	Psyllides.
II. Un rostre dans les deux sexes (sauf les *Phylloxera*). Insectes marcheurs, rarement aptères et à vie souterraine. Individus ailés toujours à quatre ailes. ♀ toujours agiles.	Aphides.
III. Rostre nul chez les ♂ qui n'ont que deux ailes. ♀ toujours aptères et presque toujours immobiles, souvent déformées . . .	Coccides.

FAMILLE DES PSYLLIDES

Les Psylles (**Psylla**) sont de jolis insectes rappelant assez bien, en très petit, les Cigales, par la forme générale de leur corps, leurs ailes transparentes en toit, le grand oviducte des femelles et le développement du mésothorax. Ils s'en rapprochent aussi un peu par leurs métamorphoses, car ils présentent, à l'état de larve, un corps assez différent de celui de l'insecte parfait, comme on le voit chez les Cigales. Leur tête est large, courte, bilobée ou bifide; les yeux sont globuleux, très saillants, débordant de beaucoup le corselet ; les antennes, longues et très grêles, sont insérées sous les yeux ; les deux premiers articles sont courts et épais, le corselet est partagé en trois portions par des sillons transversaux, dont l'antérieur, fortement arqué, sépare le prothorax du mésothorax ; l'écusson est court, les élytres sont amples, transparentes, rarement maculées de brun, parfois roussâtres, et leurs trois nervures aboutissent directement au bord externe ; les tarses n'ont que deux articles, le dernier, le plus long, avec deux crochets. Bien que leurs pattes postérieures ne soient ni renflées, ni notablement plus longues, ces insectes sautent avec une grande facilité. Les espèces de Psylles sont très nombreuses et vivent sur des végétaux très variés. Leurs larves sont fort différentes des insectes parfaits et quelques-unes sont transparentes. *P. Forsteri*, 4 mill. 1/2, d'un jaune plus ou moins nuancé de vert, ou plutôt d'un vert pâle, passant au jaunâtre, surtout après la mort ; élytres hyalines à nervures vertes ou jaunes, tête profondément bilobée, 1er article des antennes très gros, le 2e plus petit ; ailes faiblement teintées de jaunâtre, transparentes et brillantes ; commun sur les aulnes. — *P. flavipennis*, 4 mill., roussâtre, avec quelques linéoles plus pâles ou une teinte obscure sur le corselet ; élytres rousses, brillantes, fortement arrondies en dehors, à nervures très saillantes ; assez commun dans les endroits humides.

Nous citerons encore : *P. pyri*, sur les poiriers auxquels il cause quelques dommages ; *P. spartiophila* et *spartii* qui vivent sur un genêt, *Spartium scoparium* ; *P. cratægicola*, commun sur le *Cratægus oxyacantha* ; *P. buxi*, sur le buis ; *P. fraxini*, sur les frênes ; *P. myrti*, sur les myrtes; *P. rhododendri*, sur les rhododendrons, etc.

Le *P. ficûs*, 5 à 5 mill. 1/2, roussâtre ou verdâtre, avec les élytres transparentes, à nervures rousses, tachetées de brunâtre, ainsi que le bord externe; est très commun dans le Midi sur les figuiers et remonte jusqu'à Paris où il est fort rare, bien qu'il ait été signalé par Geoffroy. Il se distingue des autres Psylles par ses antennes épaisses, velues; la tête dépourvue de saillies coniques, et les élytres moins arrondies à l'extrémité. Il est le type du G. **Homotoma**.

Le G. **Livia** diffère des Psylles par la tête carrée, concave, prolongée de chaque côté en un tubercule conique, les yeux peu saillants, triangulaires, les antennes courtes, avec les deux premiers articles grands, épais, le dernier article un peu épaissi, terminé par deux soies fines, et les élytres plus opaques. *L. juncorum* 2 mill., d'un brun ferrugineux, milieu des antennes pâle, élytres d'un roussâtre clair, à peine transparentes fortement arquées au bord externe à la base, à nervures saillantes, les intervalles finement coriacés; sur les joncs peu commun.

FAMILLE DES APHIDES

Les Aphides comprennent ces légions de pucerons qui pullulent sur les pousses tendres des arbres, des buissons des plantes sauvages ou cultivées, et parmi lesquelles on distingue, d'une manière fâcheuse, le Puceron lanigère et le trop fameux Phylloxera. Ces insectes qui, pour la plupart et quand ils sont ailés, ressemblent beaucoup aux Psylles, s'en distinguent en ce qu'ils ne peuvent sauter, qu'ils sont très souvent aptères et vivent parfois sous terre, et enfin qu'ils se propagent presque par des bourgeons, comme certains lys se multiplient par les bulbilles qu'on voit dans l'aiselle des feuilles. Leur corps est aussi bien plus mou, parfois recouvert d'une matière cotonneuse qui, chez quelques espèces, enveloppe tout le corps.

I.	Insectes ailés au moins chez les mâles. Des cornicules à l'extrémité de l'abdomen.	
A.	Antennes de sept articles, aussi longues ou plus longues que le corps.	APHIS.
B.	Antennes de quatre à six articles, pas plus longues que la tête et le thorax.	
a.	Ailes supérieures à nervure cubitale[1] bifurquée.	LACHNUS.
b.	Ailes supérieures à nervure cubitale simple non bifurquée.	
*.	Antennes de six articles.	PEMPHIGUS.
**.	Antennes de cinq articles. Ailes en toit. .	ADELGES.
***.	Antennes de trois articles. Ailes horizontales	PHYLLOXERA.
II.	Insectes toujours aptères, à vie souterraine. Abdomen dépourvu de cornicules.	
A.	Antennes de quatre à six articles.	
a.	Dernier article des antennes obtus, plus long que le précédent.	RHIZOICUS.
b.	Dernier article des antennes pointu, beaucoup plus petit que le précédent.	FORDA.
B.	Antennes de sept articles.	
a.	Tarses postérieurs de deux articles. . . .	PARACLETUS.
b.	Tarses postérieurs longs, d'un seul article.	TRAMA.

La première section des Aphides est extrêmement

[1] La *nervure cubitale* est celle qui court parallèlement au bord externe, plus forte, plus épaisse que les autres, s'élargissant avant l'extrémité en une tache oblongue appelée *stigmate*, et donnant naissance, sur son parcours, à trois ou quatre nervures obliques.

nombreuse. Les yeux sont globuleux, saillants ; le ocelles sont distincts, l'abdomen est terminé par deu petites pointes plus ou moins coniques, appelées corni cules, qui sécrètent une matière sucrée, limpide, trans parente, noire, brune, jaune, rouge ou verte, suivant le espèces, et s'épaississant à l'air. Réaumur dit qu'elle es aussi douce que le miel et d'un goût plus agréable. C'es cette eau mielleuse qui attire un si grand nombre d fourmis sur les plantes garnies de pucerons, ce que le anciens naturalistes avaient attribué à une certaine ami tié et sympathie que la fourmi aurait pour le puceron Ces insectes ont la démarche lente et assez pénible, bie que leurs pattes soient longues et grêles ; ils se remuen peu et se tiennent en masse, immobiles, sur les végé taux dont ils sucent la sève. La prodigieuse quantité d ces insectes s'explique par la manière dont ils se pro pagent. Au printemps, les jeunes pucerons sortent d véritables œufs ; ils sont peu nombreux encore, mais a bout de peu de temps ils donnent naissance, non pas à des œufs, mais à de jeunes larves, toutes vivantes, qui, à leur tour et parvenues à une certaine grosseur, ponden encore de nouvelles larves vivantes, de sorte qu'en quel ques mois on peut compter de neuf à onze générations Mais, en automne, ce mode de propagation par bour geonnement cesse. Il y a des mâles et des femelles, les quelles pondent des œufs pour passer l'hiver, et de ces œufs sortent ces insectes à l'état larvaire dont nous ve nons de décrire les évolutions. Les pucerons se tiennent ordinairement dans les endroits abrités du vent, où les plantes offrent un tissu plus tendre ; aussi les rencontre-t-on abondamment dans les endroits cultivés et les jardins. Cependant les plantes basses en nourrissent proportionnellement moins d'espèces que les arbres ; la plupart n'en ont qu'une, tandis que le chêne en a au moins six, les saules sept ou huit, l'orme quatre, etc. Les pucerons qui vivent sur le tronc ne sont pas les mêmes que ceux des branches, et ces derniers sont différents de ceux qui sucent les bourgeons. Les nombreuses piqûres faites par ces insectes réunis en groupes, et peut-être l'inoculation d'un liquide spécial déterminent parfois sur les plantes un afflux de sève, une hypertrophie du tissu qui fait gonfler les parties attaquées et saillir des excroissances souvent caverneuses et vésiculaires, remplies quelquefois de pucerons. Ces insectes seraient encore bien plus nombreux s'ils n'étaient la proie d'ennemis acharnés qui les dévorent par centaines. Les larves d'Hémérobes, de plusieurs mouches de la tribu des Syrphides, les poursuivent continuellement, ainsi que les larves des Coccinelles et des *Scymnus ;* plusieurs petits Hyménoptères, des Chalcidides notamment et quelques Braconides, les *Aphidius* surtout, déposent leurs œufs dans leur corps, comme on peut le constater facilement sur les branches de rosiers où, parmi les pucerons verts, on en voit d'autres, d'un jaune opaque, qui sont attaqués par les parasites. Il y a aussi une petite mite rouge, *Acarus coccineus*, qui les suce et se nourrit de leur substance. Le seul moyen de débarrasser les arbustes de ces hôtes incommodes, est de les écraser en brossant la plante ; on peut aussi laver les branches avec de l'eau de savon ou une émulsion d'huile de pétrole. On les enfume aussi avec du tabac qui les fait tomber immédiatement, mais ne les tue pas.

Aphis. — Ce genre est limité aux espèces dont le antennes composées de sept articles sont aussi longue ou plus longues que le corps, et renferme le plus gran nombre des pucerons. Chez les uns, les antennes son très voisines à la base, avec le front canaliculé : *A. rosæ* 2 à 3 mill., allongé, vert, cornicules longs, noirs ; les indi vidus ailés verts ou brunâtres, avec des taches d'un noi brillant sur le thorax et les côtés de l'abdomen ; sur le jeunes pousses des rosiers, sur les tiges florales, e familles ordinairement nombreuses ; se retrouve quel quefois sur les chardons et les scabieuses. — *A. jaceæ* 2 1/2 à 3 mill., d'un brun foncé, à reflet bronzé en dessus cornicules et pattes noirs, ces dernières annelées de roux en familles sur les chardons, les centaurées, les sca bieuses. — *A. pisi*, 2 1/2 à 4 mill., d'un vert pré, souven avec des bandes plus foncées ; antennes d'un jaune bru nâtre, cornicules longs, brunissant vers l'extrémité genoux et jambes brunâtres, tarses noirs ; vit sur de plantes très variées : les pois, *Ononis*, *Lotus*, *Lathyrus* trèfles, genêts, cerfeuils, etc. Chez d'autres, les antenne sont écartées, avec le front plan ou convexe : *A. humuli* 1 1/2 à 2 mill., 1er article des antennes fortement denté d'un vert clair, avec des raies plus foncées sur le do allongé, finement rugueux, cornicules blanchâtres, allon gés, atténués vers l'extrémité ; très abondant sous le feuilles des houblons, plus rarement sur quelques autre plantes, comme épine noire, où il est très recherché pa les fourmis, tandis qu'elles le laisse tranquille sur l houblon. — *A. lactucæ*, 1 1/2 à 2 mill., allongé, presqu parallèle, acuminé en arrière, d'un vert clair, brillant cornicules d'un jaune pâle, épaissis au milieu ; les indivi dus ailés d'un brun brillant passant au noir, avec l'abdomen vert, maculé de noir, ailes transparentes, à nervures brunes, base de l'aile, nervure costaleet stigmate d'un blanc jaunâtre ; en colonies nombreuses entre les fleurs des *Sonchus*. — *A. ribis*, 1 à 1 1/2 mill., ovalaire-oblong, convexe, d'un jaune citron, cornicules grêles d'un jaune blanchâtre ; les individus ailés ont des taches brunes sur le thorax, l'abdomen a une grande tache carrée noire sur le milieu avec d'autres petites sur les côtés ; sur les groseilliers, roulant les feuilles de manière à former quelquefois des paquets en forme de boule rougeâtre. On trouve sur le même arbrisseau un autre puceron, *A. grossulariæ*, qui se distingue par sa couleur mate, d'un vert bleuâtre, et qui se tient seulement sur le pédoncule des feuilles et dans l'aisselle des branches. — *A. papaveris*, 1 1/2 à 2 mill., ovalaire, très convexe, d'un noir mat, saupoudré de noir, antennes d'un brun foncé, 3e et 4e articles et base du 5e blancs, cornicules médiocrement longs, plus épais à la base ; les individus ailés noirs, avec l'abdomen passant du vert foncé au noir, antennes noires ; très commun et très abondant sur des plantes très diverses, sous les feuilles des pavots, sur les fèves, en outre sur le séneçon, la valériane, la laitue, la bette, les haricots, etc. — *A. cerasi*, 1 1/2 mill., ovalaire, large, noir, chagriné et brillant en dessus, mat en dessous, antennes noires, 3e article jaunâtre ; les individus ailés sont noirs, brillants, avec l'abdomen brun, nuancé de verdâtre ; sur les cerisiers, à l'extrémité des jeunes pousses et sous les feuilles que ce puceron roule fortement de manière à déformer la branche. — *A. persicæ*, 1 à 1 1/2 mill., ovalaire, d'un brun brillant en dessus, d'un vert olive en dessous, cornicules petits; les individus ailés d'un noir brillant, abdomen d'un gris verdâtre; en nombreuses familles sur l'extrémité des branches des pêchers, et sur les feuilles que ce puceron fait contourner et rouler de manière à gêner la végétation; les fourmis le recherchent beaucoup. — Enfin, chez d'autres, les antennes sont insérées immédiatement sur le front.—*A. urticæ*, 2 1/2 à 3 mill., vert, à lignes dorsales foncées, fortement rugueux, pattes et antennes d'un jaunâtre sale; les individus ailés sont verts avec le thorax taché de brun, antennes noires; sur les orties en familles peu nombreuses, quelquefois sur le *Geranium Robertianum*; en août et septembre. — *A. sambuci*, 1 1/2 à 2 mill., largement ovalaire, très convexe, noir, à reflets bleuâtres, cornicules longs; les individus ailés d'un noir brillant, avec l'abdomen d'un vert foncé, cornicules longs et grêles, stigmate des ailes d'un brun grisâtre; en familles nombreuses et serrées sur les jeunes pousses des sureaux. — *A. brassicæ*, 1 1/2 mill., ovalaire, convexe, obtus en arrière, d'un vert grisâtre, saupoudré de gris bleuâtre avec des rangées de points noirs sur l'abdomen; les individus ailés sont bruns, saupoudrés de gris, avec l'abdomen vert, vaguement rayé de brun; commun sous les feuilles et dans les fleurs des choux, raves, etc. — *A. capreæ*, 1 1/2 mill., oblong, acuminé en arrière, vert, à ponctuation grosse et profonde, cornicules longs et claviformes; les individus ailés verts, maculés de brun ou de noir; sur toutes les espèces de saules, à l'extrémité des jeunes pousses et sous les feuilles; paraît se trouver aussi sur diverses plantes de la famille des ombellifères, angéliques, panais, cerfeuil, etc. — *A. cardui*, 1 1/2 mill., largement ovalaire, convexe, d'un vert uniforme ou noir en dessus, très brillant; sur les mauves, le séneçon et les chardons. — *A. populi*, 1 1/2 à 2 mill., largement ovalaire, pubescent, en dessus d'un noir brillant, d'un vert mat en dessous, cornicules très courts, cylindriques; les individus ailés d'un noir brillant avec l'abdomen vert, stigmates des ailes grand et noir; en familles nombreuses sous les feuilles des trembles et du peuplier noir.

Lachnus. — Antennes de quatre à six articles, chaque article annelé, pas plus longues que la tête et le thorax réunis; abdomen n'ayant aucune trace de cornicules saccharifères ou ne présentant que des tubercules glanduleux, pas de tube anal, ailes en toit, les antérieures à quatre nervures, la cubitale bifurquée, les postérieures à deux nervures. Tous ces insectes vivent sur les arbres; les uns piquent l'extrémité des pousses tendres et en mêlent si bien les feuilles que la branche ressemble à une houppe; un autre roule les feuilles de l'orme pour y trouver un abri contre la mauvaise saison. Beaucoup sont plus ou moins recouverts d'une secrétion blanche, pulvérulente ou cotonneuse,. *L. corni*, 1 1/2 à 2 mill., d'un noir brillant; abdomen blanc à la base et à l'extrémité, ailes hyalines, à nervures et à stigmate noirs; les aptères ovalaires, d'un noir mat, sauf l'abdomen brunâtre, avec l'extrémité d'un jaune verdâtre; abondant en mai et juin sur le cornouiller (*Cornus sanguinea*). — *L. laniger*, 1 1/2 à 2 mill., bien connu sous le nom de puceron lanigère et par les dommages qu'il a causés dans le nord de la France; d'un fauve pâle, couvert d'une sécrétion cotonneuse très blanche; yeux très petits, antennes jaunâtres, les trois derniers articles presque égaux; les aptères d'un noir brillant, abdomen d'un brun chocolat, couvert de longues touffes blanches; antennes courtes, dernier article lisse, elliptique. Ce puceron vit exclusivement sur les pommiers dont il attaque les jeunes pousses, en même temps que le tronc et les racines; ses piqûres déterminent des excroissances galleuses d'où le puceron tire sa nourriture; au bout de quelques années ces galles ne grossissent plus, durcissent et deviennent impropres à la nourriture des parasites, qui les abandonnent. On voit souvent ces insectes réunis par grandes masses cotonneuses, soit sur les branches, soit dans les anfractuosités du tronc des pommiers, et le meilleur moyen de les détruire est de les saupoudrer de cendres et de les humecter avec l'huile de pétrole; on peut aussi promener rapidement sur eux des torches de bois résineux ou de paille allumées; mais il faut être très prudent dans cette opération, qui ne peut guère avoir lieu qu'en hiver. On a cru que ces pucerons, qui sembleraient n'avoir pas été connus avant le commencement de ce siècle, sont venus d'Amérique, comme le phylloxèra de la vigne; mais cette opinion n'est guère soutenable. — *L. pinicola*, 3 à 4 mill., brun, lisse, poudré de gris, antennes jaunes, 1er article et extrémité des 3 derniers noirs, pas de cornicules; les individus ailés d'un brun noir avec l'abdomen brunâtre, nervure costale qrune, stigmate brunâtre; en colonies nombreuses, sur les jeunes pousses des sapins, entre les feuilles. — *L. fagi*, 1 1/2 mill., jaune ou verdâtre, entièrement couvert d'un duvet cotonneux blanc, quelquefois long de 15 mill., quand l'insecte est âgé, très court au contraire quand il est jeune, et s'enlevant au moindre frottement; sous les feuilles des hêtres. — *L. roboris*,

2 à 3 mill., l'un des plus gros pucerons, d'un brun noirâtre un peu métallique, avec les pattes postérieures très longues; les ailes sont transparentes avec les nervures et de larges fasciès brunes; commun sur les branches des vieux chênes; se rencontre accidentellement sur les pins. — *L. quercûs*, 4 à 5 1/2 mill., d'un brun brillant ou presque noir, rostre grêle, arqué, trois fois aussi long que le corps; ailes transparentes, avec la côte brune, noire à l'extrémité; les individus qui naissent dans l'arrière-saison ont souvent le rostre bien plus court; sur les vieux chênes, au pied, enfonçant le rostre dans les fentes de l'écorce, de telle sorte qu'il est difficile de les retirer sans les casser. Cette espèce est souvent tourmentée par les fourmis noires pour obtenir la miellée que secrète leur abdomen. — *L. lanuginosus*, 2 mill., noir, abdomen couvert d'un duvet blanchâtre, plus serré vers l'extrémité; les aptères, d'un noir mat, couverts d'un duvet cotonneux d'un blanc bleuâtre; antennes très courtes; sur les ormes, où il forme, sur le pétiole ou la côte médiane des feuilles, des galles velues, variant de la grosseur d'une noix à celle du poing. Ces galles diffèrent de celles de l'espèce suivante, qui sont lisses, par leur taille bien plus grande et leur surface pubescente; elles sont parfois assez multipliées pour absorber presque toute la substance de la feuille qui les porte, et elles donnent une singulière apparence aux branches d'orme. Il est à remarquer qu'on ne les voit que sur des taillis ou buissons d'orme et non sur des arbres véritables. — *L. ulmi*, 2 mill.; les individus sans ailes sont verts, sans matière cotonneuse, avec des antennes de quatre articles; les individus ailés sont noirs, avec l'abdomen d'un vert foncé. un peu saupoudré

de matière farineuse, et les antennes de six articles ; vit dans les galles qu'il détermine sur les feuilles des ormes et qui varient de la grosseur d'un petit pois à celle d'une fève ; ces galles, qui sont d'abord vertes, jaunissent ensuite et finissent par brunir ; elles sont quelquefois assez nombreuses pour que leur poids fasse fléchir les branches.

Pemphigus. — Ces Aphides vivent souvent dans les galles que leurs piqûres déterminent. *P. affinis*, 2 mill., noir, avec l'abdomen d'un vert foncé, couvert d'un duvet cotonneux assez long ; souvent en masses sur les feuilles du peuplier noir, qui sont pliées en deux et couvertes de tubérosités rougeâtres. — *P. bursarius*, 2 mill., épais, très convexe, d'un vert foncé, couvert d'un duvet cotonneux blanchâtre, court, antennes courtes ; rostre atteignant la deuxième paire de pattes ; ailes grandes, transparentes ; vit dans les galles qu'il détermine sur les feuilles de divers peupliers. — *P. loniceræ*, 1 1/2 mill., vit sur les feuilles des chèvrefeuilles et est couvert d'un duvet encore plus long que celui du puceron du hêtre.

Adelges. — Genre peu nombreux. *A. abietis*, 1 mill., qui vit dans les grosses galles vertes qu'il fait pousser à la base des jeunes branches des jeunes sapins, et est d'un jaune brunâtre, avec la poitrine, avec le prothorax variés de brun, le dessus de l'abdomen nu, d'un jaune roussâtre, recouvert en avant d'une pruinosité un peu cotonneuse. — *A. laricis*, 2/3 mill., qui vit sur le mélèze ; les individus ailés sont bruns, un peu farineux, le devant du prothorax et l'abdomen d'un vert jaunâtre ; les aptères sont larges, d'un brun noir, enveloppés d'une masse cotonneuse, longue et blanche. — *A. strobilobius*, 1 mill., d'un brun roussâtre obscur, avec une tache farineuse sur l'extrémité de l'abdomen; vit dans les petites galles un peu coniques qui se trouvent à l'extrémité des branches de sapin.

Phylloxera. — Le type de cette coupe générique trop connue est un puceron extrêmement petit qui vit sur les feuilles des chênes, où il détermine des plaques rouges, ce qui lui fait donner le nom de *P. coccinea*. Ce genre fait une sorte de transition entre les Aphides et les Coccides parce que, à une certaine période d'évolution, il apparaît des mâles et des femelles dépourvus d'ailes et de rostre; mais ces dernières sont toujours agiles et très peu différentes des mâles, et d'ailleurs, dans les états intermédiaires, les individus ailés ont toujours quatre ailes.

Nous nous étendrons un peu sur les mœurs du *Phylloxera vastatrix*, connu par ses ravages dans nos vignobles. Cet atôme nuisible, venu probablement d'Amérique avec des plants de vignes de ce pays qui paraissent bien moins sensibles que les nôtres, pullule avec une effroyable fécondité. Quand il sort de l'œuf, il monte sur les feuilles terminales les plus tendres, y enfonce son rostre et détermine un afflux de sève, formant un bourrelet qui s'élève peu à peu et finit par le recouvrir. Caché dans cette espèce de galle, le **Phylloxère** grossit, change plusieurs fois de peau et pond bientôt, non pas des œufs, mais des gemmes, des œufs-bourgeons si l'on veut, et au nombre, dit-on, de 200 à 800, qui éclosent au bout d'une huitaine de jours. À leur tour, ces jeunes Phylloxères s'établissent sur d'autres pousses tendres, forment de nouvelles galles et recommencent le cycle de leur évolution. On comprend qu'avec cette rapidité de multiplication, les vignes se trouvent couvertes d'ennemis qui changent de tactique vers la fin de juin ou le commencement de juillet. A ce moment, les Phylloxères ne montent plus vers les jeunes pousses, ils descendent le long des sarments et se dirigent vers les racines sur lesquelles ils se fixent en s'arrêtant le plus souvent sur l'extrémité des radicelles qui, plus tendres, conviennent mieux au genre de nourriture de ces insectes, et sur lesquelles ils déterminent aussi des galles. Là, ils accomplissent leurs mues, mais avec certaines modifications importantes. Jusqu'à présent, tous ces petits insectes étaient aptères; mais maintenant, pendant que la généralité des Phylloxères se reproduisent de la manière indiquée plus haut, on distingue, à la 3e mue, quelques individus montrant des fourreaux d'ailes et qui, à la 4e mue, sont ailés. Ceux-ci ne continuent plus la série de reproduction larvaire ou par gemmation; ils donnent naissance à de nouvelles pupes d'où sortent enfin des Phylloxères doués des deux sexes, mais dépourvus d'ailes et de rostre, et qui recommencent la série en pondant des œufs d'où sort une nouvelle génération gemmipare, tandis que les autres continuent à se propager, peut-ére indéfiniment, par gemmes ou pupes, comme certaines plantes de la famille des liliacées qui, outre les bulbes et les graines, se reproduisent par des bulbilles poussant dans l'aisselle des feuilles. En Amérique, les vignes paraissent être attaquées surtout aux nouvelles pousses et les dommages sont relativement peu considérables; mais nos vignes françaises semblent moins favorables à la formation des galles aériennes, et c'est surtout aux racines que le Phylloxera s'adresse malheureusement. C'est à raison de cette préférence donnée aux racines que l'on préconise la multiplication des vignes américaines, qui sont bien moins sensibles que les nôtres ; mais il ne faut pas oublier que greffer de nos espèces sur ces souches américaines est indispensable si l'on veut obtenir des vins ayant les qualités requises dans nos produits. Les raisins de Nouveau-Monde ont presque tous un goût qui ne plaît généralement pas et qui rend ce vin peu agréable.

Un mot seulement sur les remèdes proposés, afin de détruire le *Phylloxera*. L'emploi du sulfure de carbone enterré autour des ceps malades, au moyen de trous forés en terre, est très préconisé ; mais il paraît tuer pas mal de pieds de vignes. La submersion des vignes par des irrigations finit bien par tuer l'insecte ravageur ; mais elle n'est pas généralement praticable et déprécie notablement la qualité des produits ; en outre on peut se demander ce que deviendront les ceps de vigne quand ils auront subi cette culture de cressonnière. Disons qu'après une culture d'une longue série de siècles, la vigne, toujours multipliée par boutures et marcottes et dans les mêmes terrains, a fini par perdre de sa vitalité et c'est son affaiblissement qui a facilité l'envahissement du parasite. Il faut revenir à des semis et rechercher, dans nos pays, des vignes redevenues sauvages et qui ont repris une nouvelle vigueur ; c'est ce que des viticulteurs intelligents ont déjà fait dans le sud-est de la France, mais leur exemple ne paraît guère suivi.

La seconde section des Aphides renferme les espèces qu'on ne connaît encore qu'à l'état aptère dans les deux sexes ; elles vivent sous terre, parfois sous les pierres ou au collet des plantes et ont généralement les yeux fort petits; les larves et les femelles sont ovalaires; les mâle cylindriques; le rostre, composé de cinq articles, es presque toujours aussi long que le corps; le nombre de articles des tarses est variable et l'abdomen est dépourv de cornicules.

Le G. **Rhizoicus** renferme le *R. pini*, 1 mill., brur à villosité blanche, qui vit sur les racines du pin sylvestr — Le *R. pilosellæ*, 2 mill., jaune, antennes et patte brunes, ces dernières très longues, vit sur les racines d *Hieracium pilosella*.

Le G. **Forda** est basé sur le *F. vacca* qui se trouv ans les endroits sablonneux, sous les pierres, en com pagnie de fourmis; on prétend que ces dernières enlèven les pucerons et les gardent dans leurs habitations pou sucer la liqueur sucrée qu'ils sécrètent, bien qu'ils man quent de cornicules; ce puceron est ovale, épais, jaun ou d'un vert grisâtre, les antennes noirâtres à l'extrémité

Le G. **Paracletus** ne renferme qu'une espèce res semblant à une punaise, *P. cimiciformis*; elle est ovale d'un vert pré, l'abdomen avec quatre rangées de point enfoncés, a les pattes longues et vit dans les nids de l fourmi rousse, dont elle parcourt rapidement les galeries

Enfin, le G. **Trama** ne comprend aussi qu'une espèce — *F. troglodytes*, 2 1/2 mill., ovale allongé, d'un jaun pâle ou d'un blanc grisâtre, velu; commun sur les racine des chicorées, laitues, pissenlits, artichauts, en famille nombreuses, même au milieu des fourmis; fait beaucou de tort aux cultures maraîchères. Le puceron qui vit su les racines du maïs semble rentrer dans ce genre (*Coccu Zeæ-Maidis*).

FAMILLE DES COCCIDES

Cette famille est caractérisée par le manque de rostre chez les mâles qui n'ont en outre que deux ailes, et par l'immobilité des femelles après leur ponte ; ce dernier caractère ne se retrouve pas dans le G. *Orthezia*, qui, cependant, ne peut être séparé des Coccides. Ces femelles, qui sont aptères, recouvrent leurs œufs comme si elles les couvaient, et finissent par ressembler à une sorte de galle déprimée qui leur a valu le nom de gallinsectes. Quelques-uns de ces insectes sont connus depuis longtemps pour la belle couleur qu'ils fournissent aux arts et à l'industrie ; mais d'autres, beaucoup plus nombreux, ont acquis une notoriété fâcheuse à raison des dommages qu'ils causent à plusieurs plantes cultivées.

Pendant que les femelles à rostre et à antennes courts, toujours aptères, épaisses, plus ou moins globuleuses ou ovalaires, à corps tantôt nu, tantôt recouvert d'une sécrétion et se déformant le plus souvent après la ponte, restent alors immobiles et vivent assez longtemps par familles plus ou moins nombreuses, les mâles, dépourvus de rostre, ayant de longues antennes, deux ailes ordinairement farineuses, ayant à l'extrémité de l'abdomen deux ou quatre filets plus ou moins longs remplacés quelquefois par des houppes soyeuses, sont très agiles et n'ont qu'une apparition éphémère. Ces insectes, connus sous le nom de cochenilles, poux des plantes, Kermès, pullulent souvent de manière à recouvrir de leurs rangs serrés des troncs d'arbres assez gros.

Le G. **Orthezia** diffère des autres Coccides en ce que la femelle reste agile après la ponte ; elle est remarquable, en outre, par les espèces de cristaux prismatiques, d'un blanc de craie, plus allongés en arrière, qui la recouvrent entièrement. Le corps est ovalaire, les yeux sont petits, saillants ; les antennes courtes, presque moniliformes, de huit articles ; le rostre est court, assez gros ; l'abdomen est grand, les tarses n'ont qu'un article avec un seul crochet. Les mâles sont très différents, allongés, recouverts seulement d'une pubescence blanchâtre, les yeux sont plus gros, les antennes beaucoup plus longues que le corps, velues ; ils ont deux ailes, demi-transparentes, ovalaires ; leur abdomen est terminé par des houppes soyeuses, et leurs pattes sont plus longues et plus grêles. Ils sont beaucoup plus rares que les femelles. *O. urticæ* Linn., 2 à 3 mill., d'un brun un peu roussâtre ; les plaques farineuses déposées symétriquement chez la ♀, celles du milieu un peu imbriquées, les latérales un peu obliques, plus longues, se recourbant du côté de l'anus ; ces plaques disparaissent très facilement par le frottement ; les ailes des ♂ sont brunâtres, les filets abdominaux blancs. Commun dans toute la France ; sur les euphorbes, les orties, le lierre terrestre, les *Geraniums* et, dit-on, sur les groseillers.

Chez les **Aspidiotus**, les femelles sont couvertes d'un bouclier plus ou moins arrondi, peu convexe, à pellicule mince, le bouclier des mâles est un peu oblong ; une espèce se trouve communément sous les feuilles de lauriers-roses cultivés et de beaucoup d'autres plantes de serres, *A. nerii*; elle ressemble à une sorte de pou ovalaire, blanchâtre ou roussâtre. — Une autre vit sous les feuilles des camélias, *A. cameliæ*. — On trouve sur les genêts épineux, dans le Midi, l'*A. ulicis* qui diffère à peine du *nerii*; sur les oliviers l'*A. villosus* qui se tient sous les feuilles.

Les **Diaspis** ne diffèrent guère du genre précédent; les boucliers des femelles sont également presque arrondis, mais ceux des mâles sont allongés, carénés, blancs. Le *D. ostreæformis* se trouve sur les poiriers et les pommiers, mais surtout sur ces derniers qu'il fait périr quelquefois par la multiplicité des individus; le seul remède est de couper l'arbre au pied. — Sur les rosiers on trouve le *D. rosæ*, qui ressemble beaucoup à l'*Aspidiotus nerii*; les boucliers des mâles sont très petits, d'un blanc de neige, très carénés, et parfois si abondants que les rosiers paraissent couverts de moisissures.

Dans le G. **Chionaspis** le bouclier qui recouvre les femelles est élargi en arrière, acuminé en avant, tandis que celui des mâles est allongé, parallèle, plus ou moins caréné. Le *C. salicis* est très commun sur les saules et quelquefois tellement abondant que les branches en sont couvertes.

Chez les **Mytilaspis**, le bouclier a la forme d'une petite moule; un de ces insectes envahit souvent les branches des pommiers et des poiriers, parfois même les feuilles et les fruits, *M. pomorum*. D'autres s'attaquent aux feuilles des pins, surtout dans le Midi.

Les **Lecanium** présentent toutes les formes possibles, devenant même en boule complète, comme le

L. hesperidum, sur les orangers; le *L. aceris*, sur les érables; le *L. mali*, qui vit à la fois sur les pommiers, les poiriers et les groseillers. Les *L. persicæ* et *rotundum* vivent sur les pêchers; ce sont eux qui couvrent les feuilles de ces arbres d'un enduit provenant de la matière sucrée ou miellée qu'ils exsudent, et non de la sève de l'arbre comme le croyait Réaumur. Ce miellat est la cause directe de la fumagine ou morfée, maladie qui ravage les orangers cultivés dans le Midi et qui est produite par un champignon microscopique se développant sur cette matière sucrée.

Les Kermès, **Chermes**, diffèrent des autres cochenilles en ce que les femelles finissent par passer à l'état de véritables galles, l'abdomen étant complètement déformé et ses segments cessant d'être distincts, étant recouverts d'une pellicule cornée dûe à une sécrétion de l'insecte et qui recouvre l'insecte ainsi que sa progéniture. Ce genre renferme une espèce, *C. vermillio*, anciennement connue; elle est globuleuse et se trouve dans le Midi de la France sur le chêne kermès, *Quercus coccifera;* c'est d'elle qu'on tirait autrefois, avant l'introduction de la cochenille, une couleur rouge très estimée, et on l'appelait graine d'écarlate, graine de kermès. On a cru aussi fort longtemps que ce produit animal appartenait au règne végétal, et une expérience assez spécieuse semblait confirmer cette opinion : c'était la possibilité de faire de l'encre avec le kermès et le vitriol. Le kermès était aussi employé comme médicament et entrait dans la composition d'un sirop cordial connu sous le nom d'alkermès. — Le Kermès oblong du pêcher, *C. persicæ* est commun sur les branches des pêchers qu'il rend toutes galeuses. — Le Kermès de l'orme, *C. ulmi*, se trouve surtout dans la bifurcation des branches qui ont un ou deux ans ; vers le milieu de l'été, quand l'insecte a pris tout son développement, il ressemble à une petite masse ovale, d'un rouge brun, entourée d'une espèce de cordon blanc et cotonneux qui ne laisse à découvert que la partie supérieure du corps ; cette matière sert de nid aux petits. — On trouve sur nos chênes le *C. reniformis*, sur les tilleuls, le *C. tiliæ ;* il y a aussi les *C. vitis*, *salicis*, etc.

Le nom de **Coccus** est réservé au genre qui renferme la cochenille, *C. cacti*, qui vit sur les *Opuntia* ou cactus à raquettes, et dont nous devons dire quelques mots, bien qu'elle soit exotique, à cause de l'admirable couleur de carmin si employée dans les arts et l'industrie. Originaire du Mexique, elle fut apportée en Europe dès le commencement du XVIe siècle ; pendant longtemps, on l'employa sans la connaître et on la prenait pour une espèce de graine, erreur assez facile à concevoir, car ces petits grains ridés et gris n'offrent guère que l'aspect d'un insecte, et on l'appelait graine d'écarlate. Transportée d'abord aux Canaries, puis aux îles de la Sonde, elle a été introduite en Algérie, mais ne paraît pas y être répandue, malgré quelques essais heureux. Une autre espèce, *C. lacca*, de la Chine, donne la gomme laque, produite par une exsudation de la plante piquée par l'insecte, lequel est lui-même enveloppé dans cette sécrétion résineuse.

TABLE DES MATIÈRES[1]

[1] Les noms d'espèces sont en caractères romains, les noms de genres en italiques, et ceux des divisions en capitales.

Évreux. Imprimerie de Ch. Hérissey.

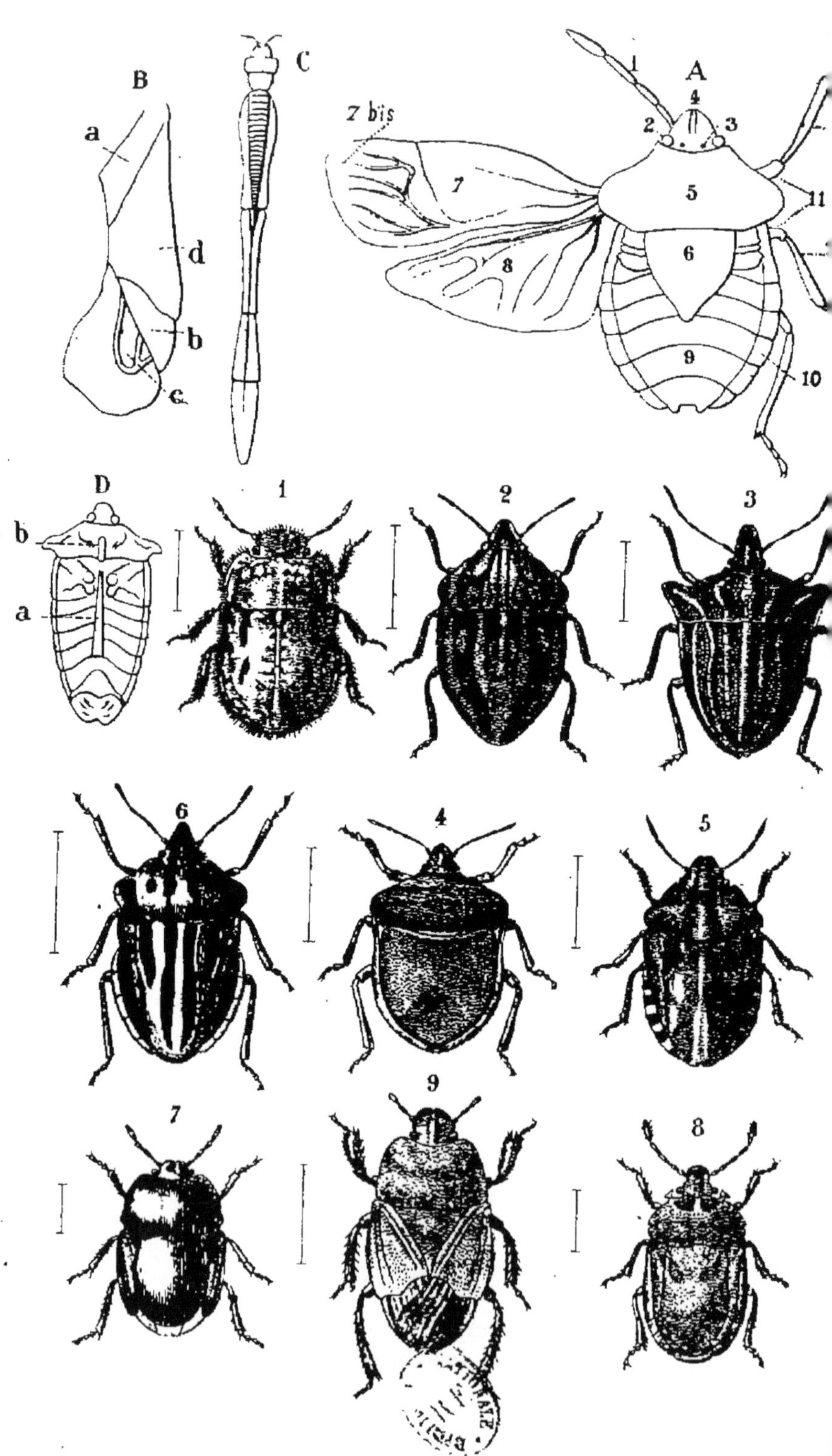

J. Migneaux del.

Oberlin sculps

PLANCHE I

Fig. A. 1. Antenne. — 2. Œil. — 3. Ocelle. — 4. Lobe frontal ou médian. — 5. Corselet. — 6. Écusson. — 7. Corie. — 7 *bis*. Membrane. — 8. Aile. — 9. Abdomen. — 10. Connexivum. — 11. Cuisse. — 12. Jambe. — 13. Tarse.

Fig. B. *Elytre de Phytocoride*. *a*. Clavus. — *b*. Anceus. — *c*. Cellules. — *d*. Corie.

Fig. C. Rostre.

Fig. D. *Acanthosoma hæmorrhoidale* (vu en dessous). *a*. Abdomen. — *b*. Corselet, où est insérée la première paire de pattes.

PLANCHE II

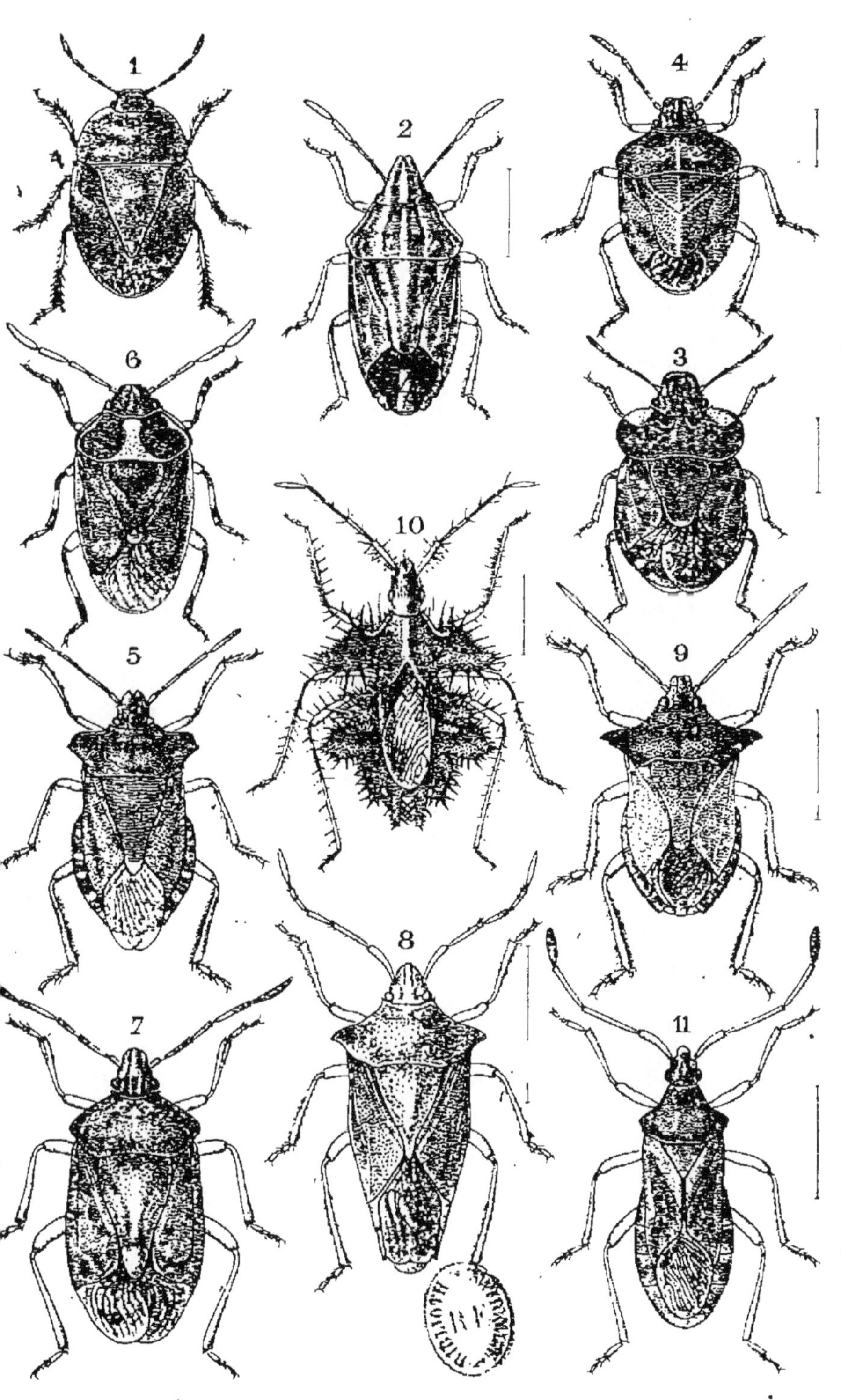

Migneaux del Picart sculps.

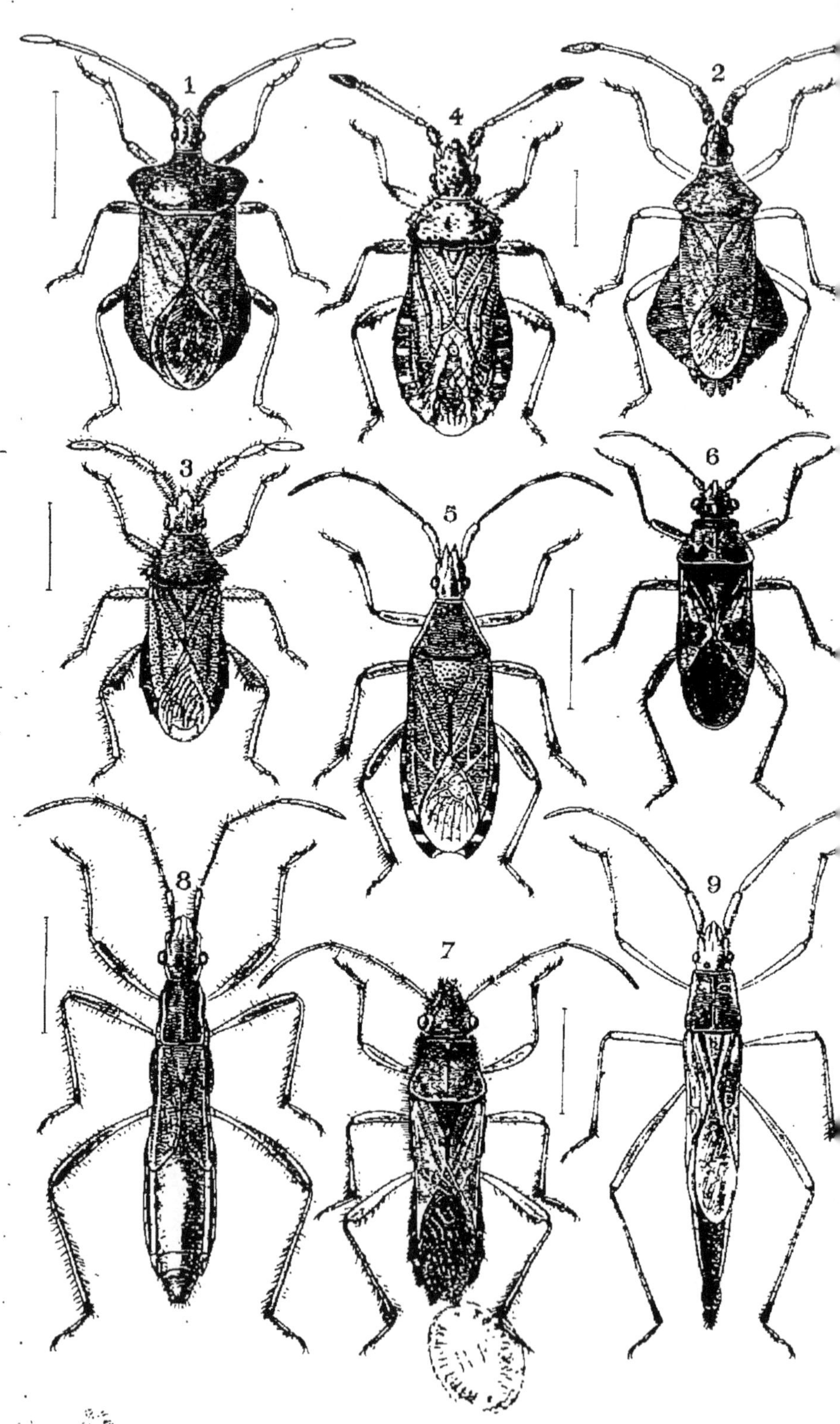

J. Migneaux del. Picart sculp

PLANCHE III

PLANCHE IV

Fig. 1. Neides elegans.
2. Ophthalmicus grylloides.
3. Henestaris laticeps.
4. Lygœus saxatilis.
5. Nysius thymi.
6. Cymus glandicolor.
7. Ischnodemus sabuleti.
8. Stenogaster urticæ.
9. Pachymerus pini.

HÉMIPTÈRES. Pl. 4

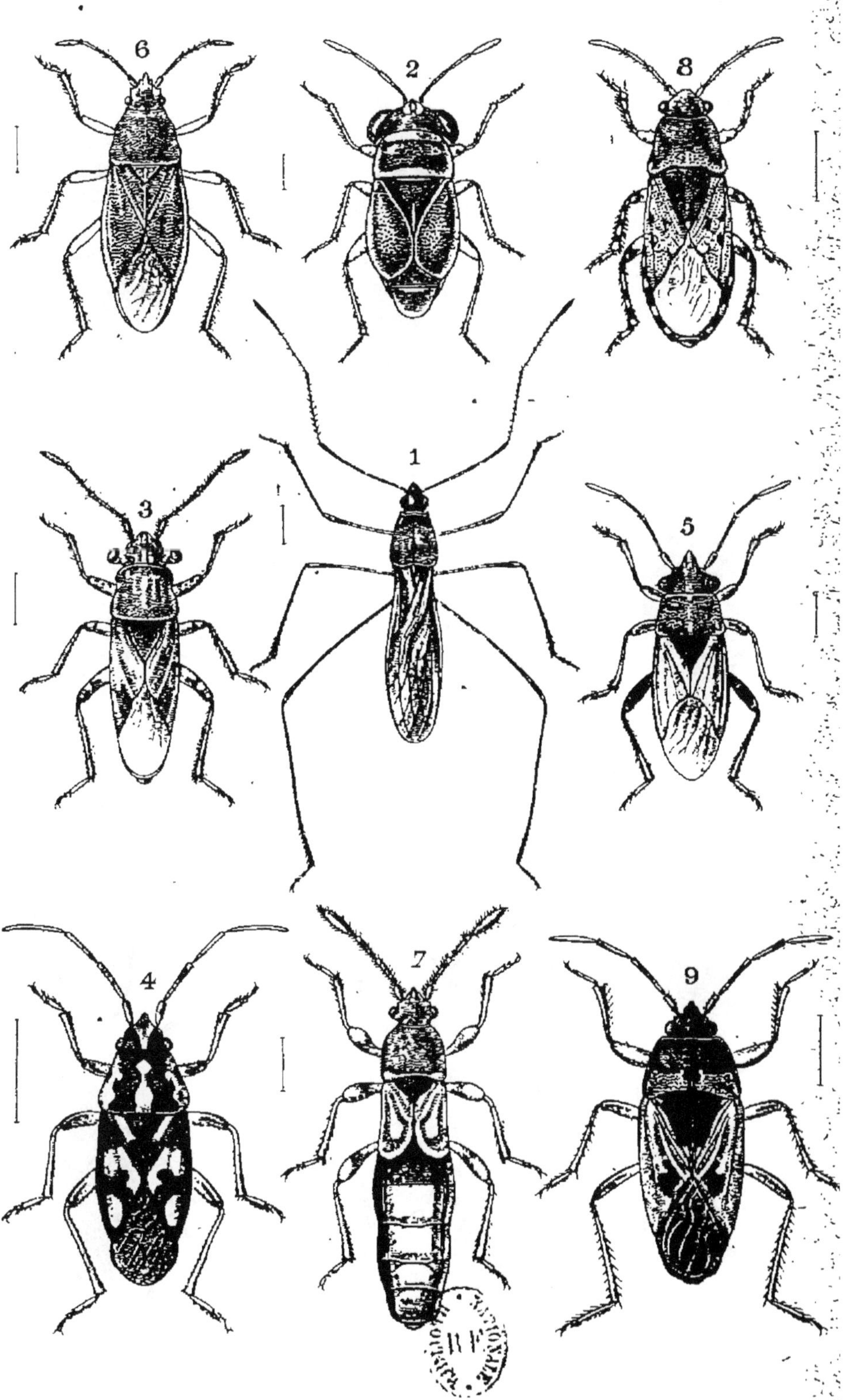

J. Migneaux del. Picart sculps.

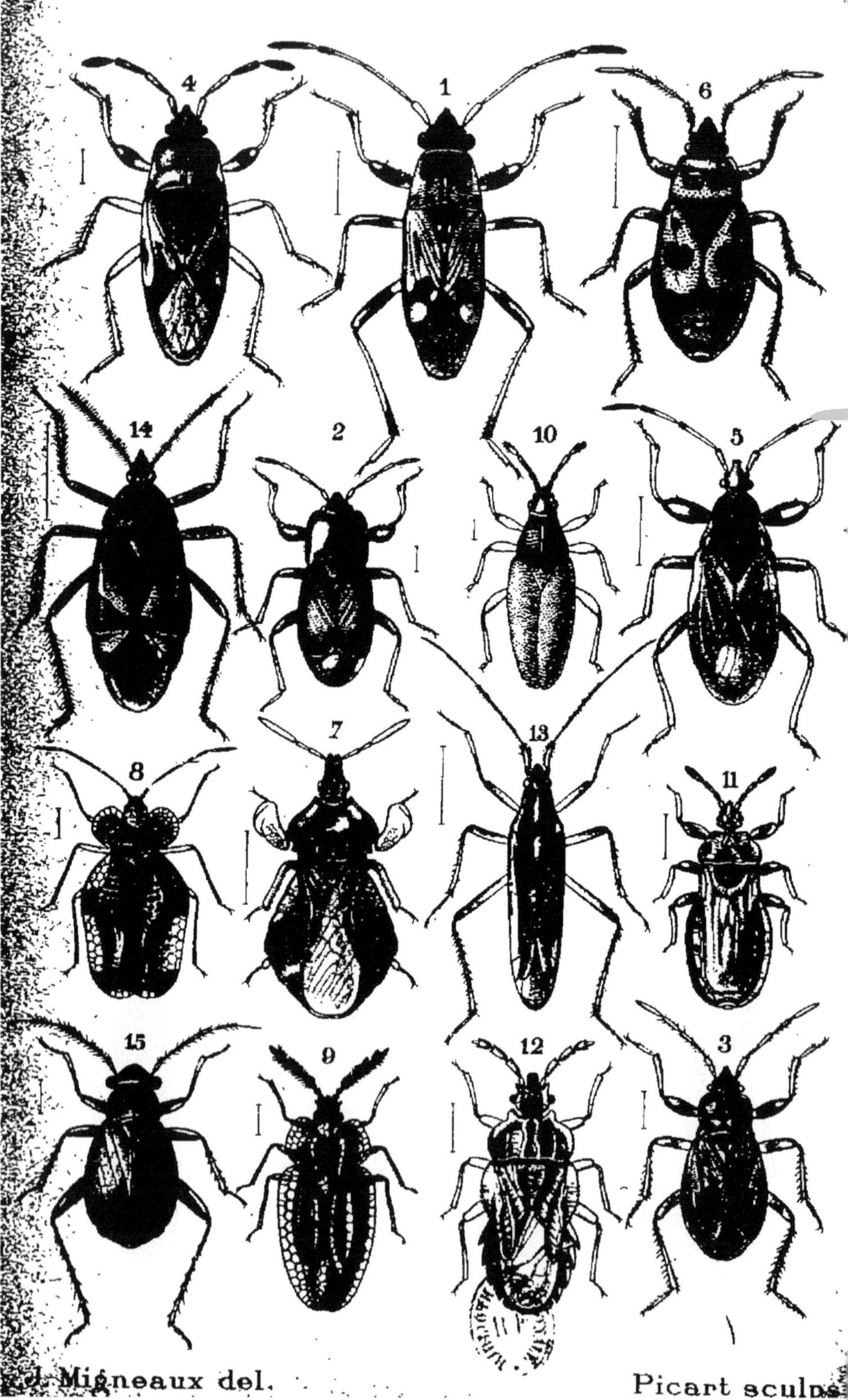

J. Migneaux del. Picart sculps.

PLANCHE V

PLANCHE VI

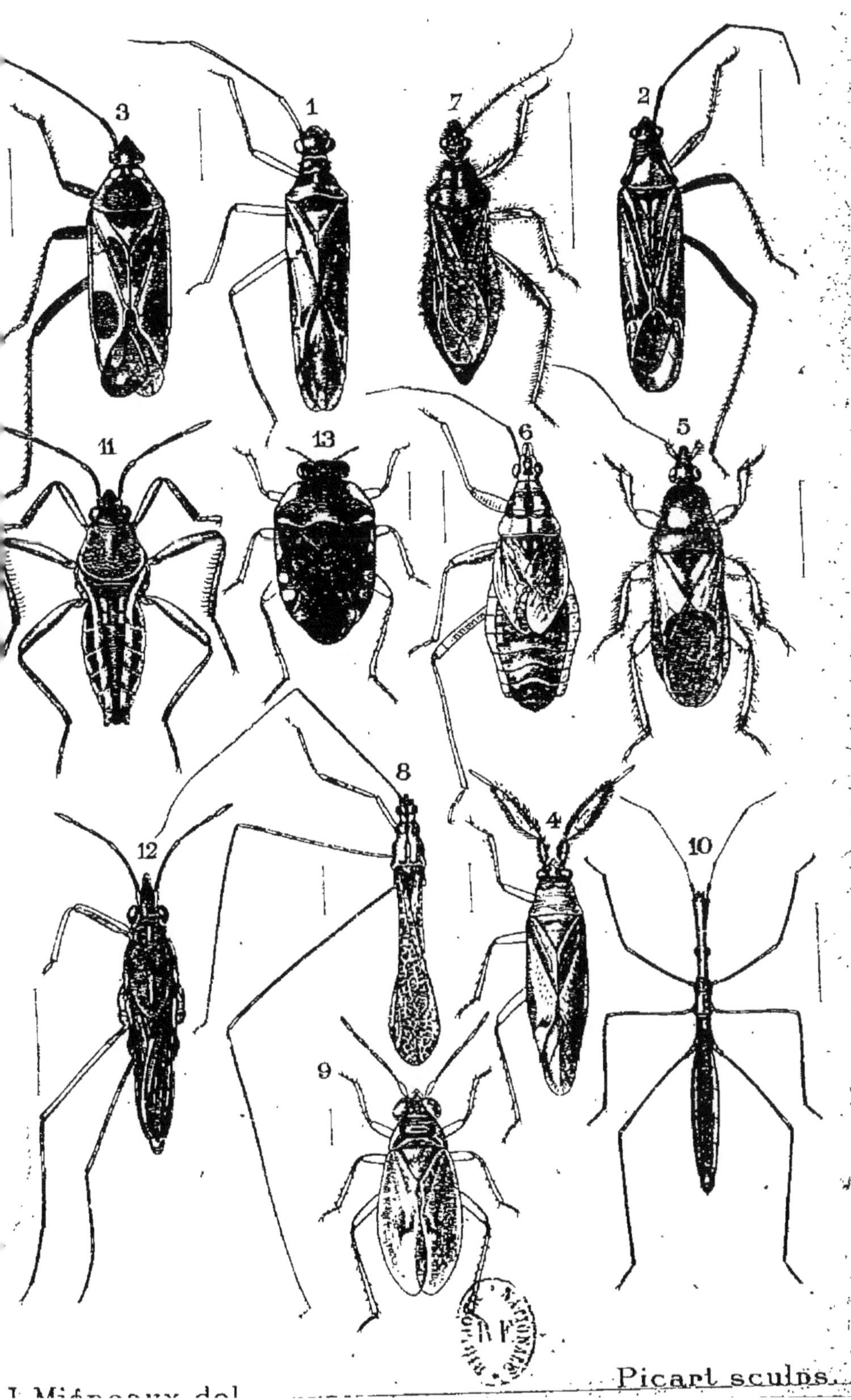

J. Migneaux del. Picart sculps.

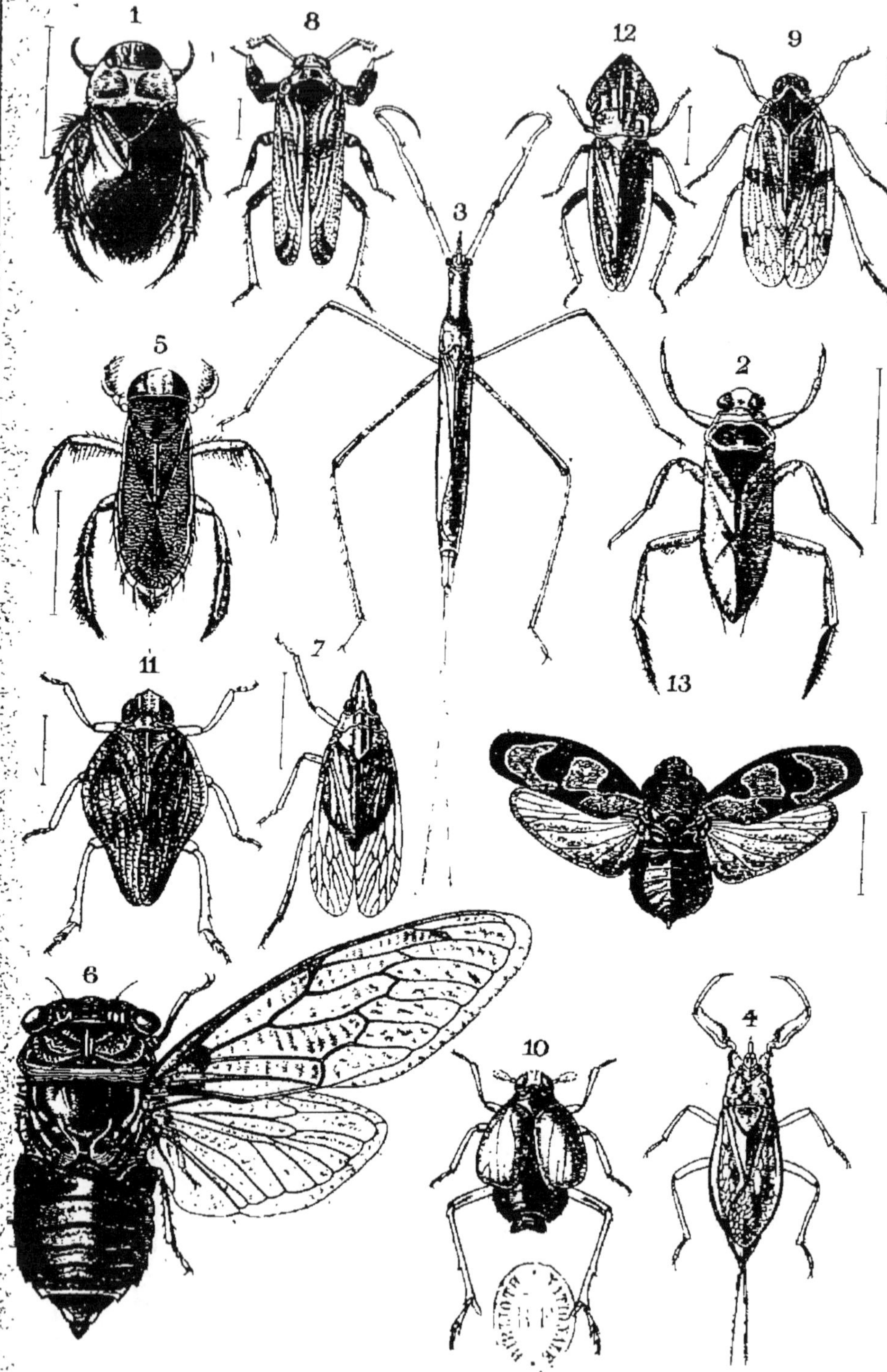

J. Mignoaux del. Picart sculps.

PLANCHE VII

PLANCHE VIII

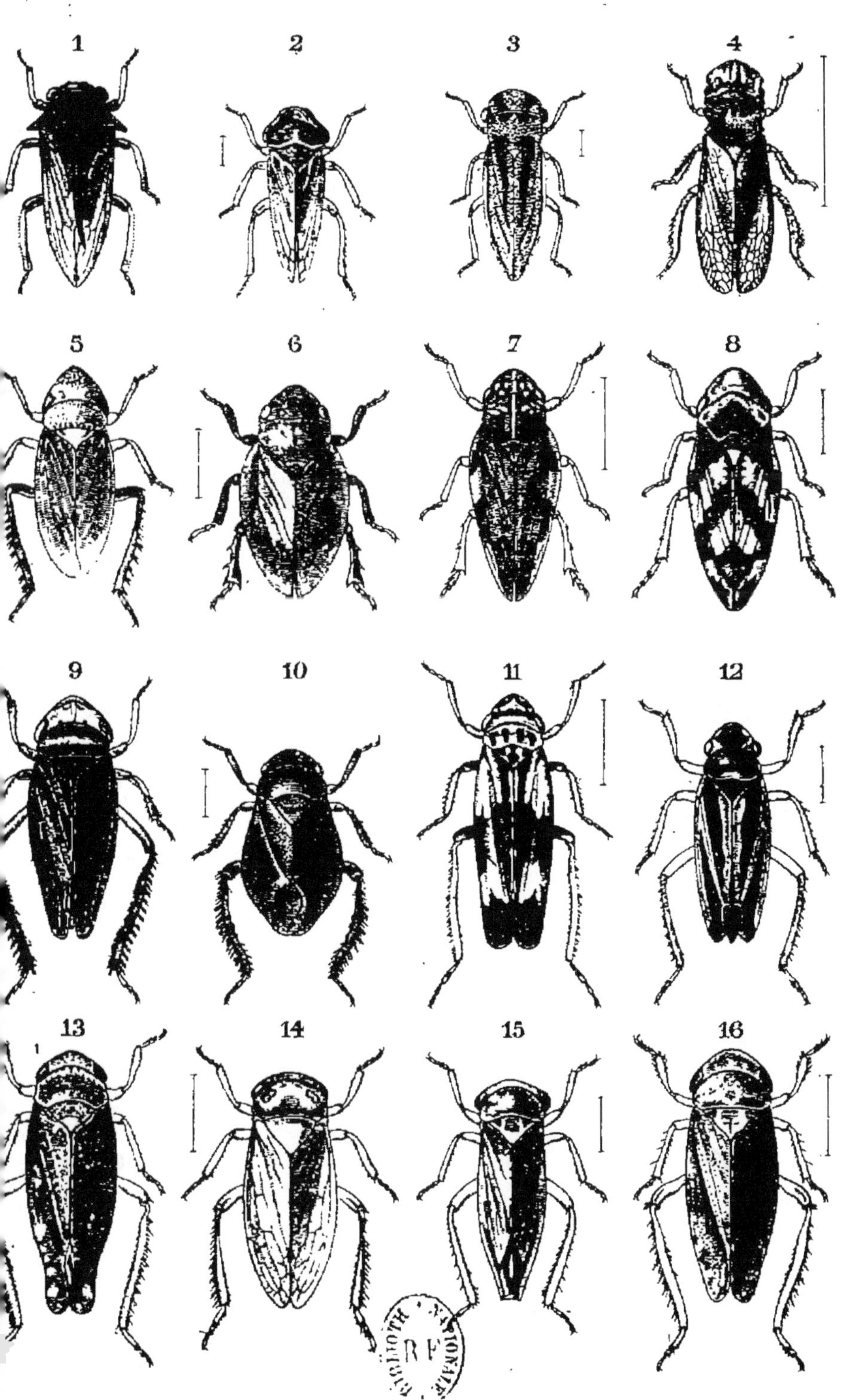

Migneaux del. Picart sculps.

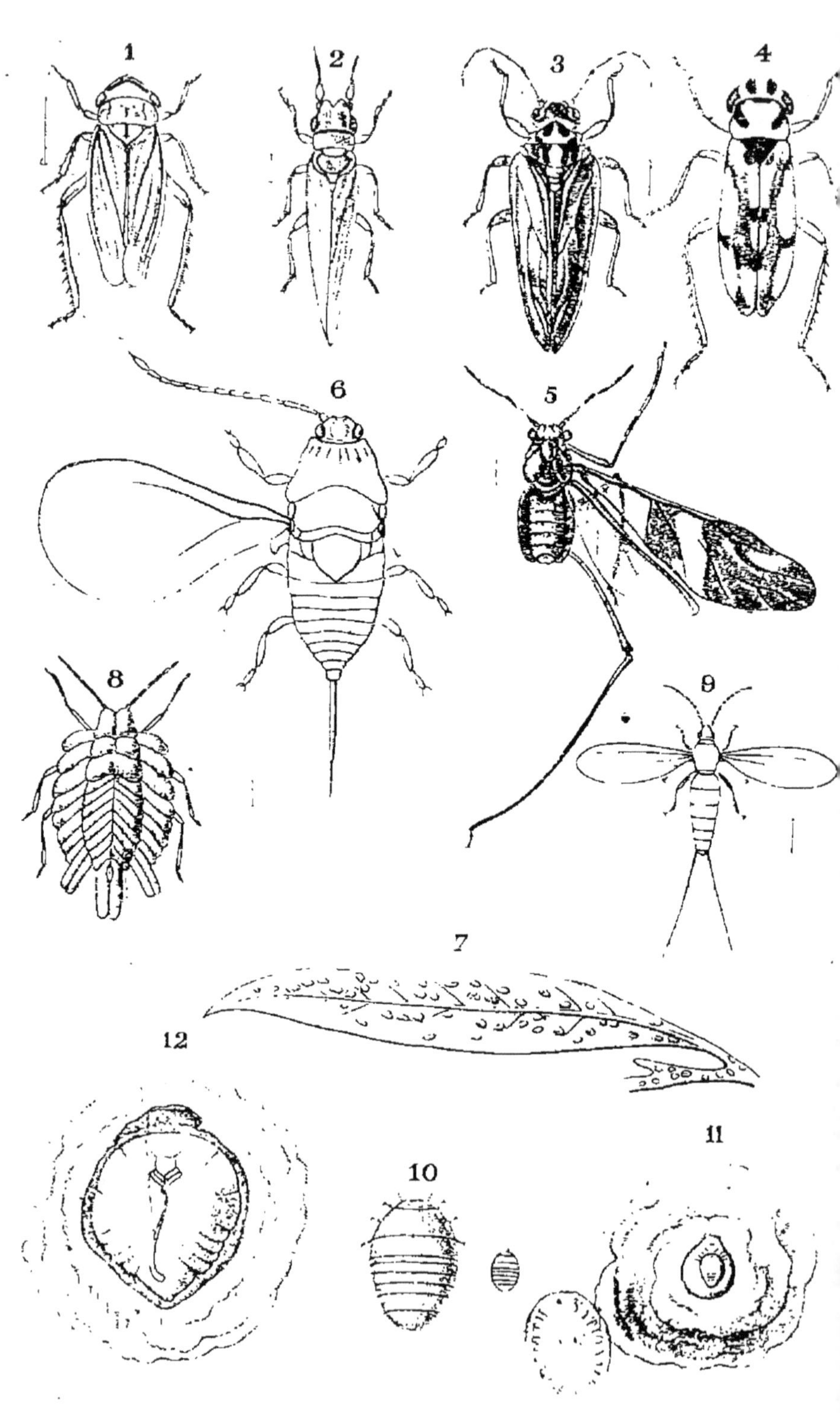

J. Migneaux del. et sculps.

PLANCHE IX

EXTRAIT
DU
CATALOGUE DE LIVRES[1]

BERCE. Faune entomologique française, Lépidoptères (Papillons de France).

Cet ouvrage donne la description de tous les papillons qui se trouvent en France; il décrit toutes les chenilles connues, indique les localités et les plantes qu'elles fréquentent, en insistant particulièrement sur les mœurs des espèces nuisibles qui dévastent nos champs et nos provisions.

1er volume, comprenant des indications générales sur l'organisation, la classification, la chasse et la conservation des Lépidoptères, la description de tous les Rhopalcocères (diurnes), et 87 espèces parmi ceux-ci, représentés dessus et dessous. Vol. in-18, jésus, 250 pages, 18 planches coloriées.................. 8 »

2e volume, description de toutes les espèces Hétérocères (crépusculaires), jusqu'aux Noctuo-Bombycites inclusivement; les 17 planches gravées représentent 106 espèces, parmi lesquelles toutes celles du genre Sesia, et 40 dessins au trait de caractères.......... 10 50

3e volume, description des Hétérocères (noctuelles), avec 6 planches coloriées représentant 60 espèces et des dessins au trait de caractères................ 6 »

4e volume, description des Hétérocères (fin des noctuelles) avec 8 planches représentant 82 espèces. 8 »

[1] Le catalogue complet des ouvrages en vente à la même librairie sera adressé franco sur demande.

5e volume, description des Phalènes; il est accompagné de 15 planches coloriées représentant 156 espèces.. 12 50

Le 6e et dernier volume termine complètement cet ouvrage et donne la description des Deltoïdes, Pyralites, Crambites; il est accompagné de 10 planches représentant 186 espèces........................ 10 »

Les volumes, avec 74 planches coloriées et le catalogue.. 55 »

Pour permettre à toutes les bourses l'acquisition de cet ouvrage, nous accepterons des paiments échelonnés de 5 francs par mois.

BERCE. Catalogue des Papillons de France donnant la liste complète des espèces, ouvrage indispensable pour le pointage des collections. Vol. in-12, 40 pages. » 60

BERCE et GUÉRIN MÉNEVILLE. Guide de l'éleveur de Chenilles, suivi d'un traité de l'éducation spéciale des chenilles qui produisent de la soie. Paris, 1871, vol. in-8°, fig. int. dans le texte.......... 1 50

FAIRMAIRE et BERCE. Guide de l'amateur d'insectes, 5e édition. Cet ouvrage, indispensable aux débutants, comprend : les généralités sur la division des insectes en ordres, l'indication des ustensiles et les meilleurs procédés pour leur faire la chasse, les époques et les conditions les plus favorables à cette chasse, la manière de les préparer et conserver en collections.

Vol. in-12 avec 120 vignettes intercalées dans le texte.. 1 50

POMEL, Nouveau guide de Géologie, Minéralogie et Paléontololie, comprenant les éléments de ces études, la manière d'observer, de récolter, de préparer les échantillons et de les ranger en collections, vol. in-12 jésus.. 1 »

HISTOIRE NATURELLE DE LA FRA[NCE]

L'histoire naturelle de la France était un ouvrage indi[spen]sable pour la réalisation des nouveaux programmes d'ense[igne]ment; il ne suffit pas en effet de dire aux instituteurs [qu'ils] devront former un musée scolaire, apprendre aux élèves à [con]naître les animaux utiles ou nuisibles, composer des collec[tions] de plantes et de minéraux; il faut leur donner des ouvr[ages] qui leur permettent de déterminer sûrement et facilement [la] quantité considérable de sujets qui se trouvent en France; [c'est] pour répondre à ce but que des savants émérites ont bien v[oulu] traiter chacun une classe ou un ordre, de façon à rendr[e l'é]tude des sciences naturelles accessibles à tous et épargner [aux] débutants les difficultés inhérentes aux premières études d[e la] science qui embrasse toute la nature.

Chaque volume sera accompagné d'un nombre très con[sidé]rable de planches ou de figures; leur exécution très soi[gnée] permettra de reconnaître à première vue tous les sujets; cependant le prix en sera des plus modiques.

L'ouvrage sera complet en 23 volumes dont ci-après la nomenclature :

1re partie. Généralités.
2e — Mammifères (sous presse).
3e — Oiseaux.
4e — Reptiles. Batraciens.
5e — Poissons.
6e — Mollusques. *Céphalopodes. Gastéropodes* (sous presse
7e — Mollusques *bivalves*, Tuniciers, Infusoires.
8e — **Coléoptères**. — Prix : 4 fr.
9e — Orthoptères, Névroptères.
10e — Hyménoptères.
11e — **Hémiptères**. — Prix : 3 fr.
12e — **Lépidoptères**. — Prix : 5 fr.
13e — Diptères, Thysanoures, Aptères.
14e — Arachnides.
15e — Acariens, Crustacés, Myriapodes.
16e — Vers.
17e — Rayonnés.
18e — Plantes cryptogames.
19e — Plantes phanérogames.
20e — Géologie.
21e — Paléontologie.
22e — Minéralogie.
23e — Technologie. *Applications des sciences naturelles.*

NOTA. — Les volumes parus sont indiqués en caractères gras

Évreux, Ch. Hérissey, imp. — 784

www.ingramcontent.com/pod-product-compliance
Ingram Content Group UK Ltd.
Pitfield, Milton Keynes, MK11 3LW, UK
UKHW022046190726
13855UKWH00002B/420